Arbeits(t)räume

Ihr Erfolg beginnt mit der Gestaltung Ihrer Räume

Danijela Saponjic

C.H.BECK

So nutzen Sie dieses Buch

Die folgenden Elemente erleichtern Ihnen die Orientierung im Buch:

Beispiele

In diesem Buch finden Sie zahlreiche Beispiele, die die geschilderten Sachverhalte veranschaulichen.

Definitionen

Hier werden Begriffe kurz und prägnant erläutert.

! Die Merkkästen enthalten Empfehlungen und hilfreiche Tipps.

Auf den Punkt gebracht

Am Ende jedes Kapitels finden Sie eine kurze Zusammenfassung des behandelten Themas.

Inhalt

Einleitung

Als vor über 15 Jahren die ersten Bücher über das Entrümpeln, Gerümpelfrei leben und Feng Shui den Weg in mein Leben fanden, glaubte ich erst einmal nicht an die „wundersame Heilung" die ich in meinem Leben erfahren sollte, einfach weil ich meine Wohnung und meinen Arbeitsplatz ausmiste. Die Bücher gesellten sich zu dem ohnehin schon überfüllten Bücherregal in meinem Büro. Doch damals steckte ich wirklich in einer persönlichen Sackgasse. Nachdem ich mein Studium der Betriebswirtschaft erfolgreich beendet hatte, fand ich einfach keine Anstellung. Ich landete in den Auswahlverfahren immer auf Platz zwei und stand mit leeren Händen da. Ich war wütend, verzweifelt und empfand die ganze Welt unfair. Eines Abends fiel mir diese Ausmisttheorie wieder ein, in der es hieß: „Wenn Sie sich von unnötigem Ballast trennen, Ihre Wohnung und Ihr Büro ausmisten, wird Ihr Leben in den Fluss kommen und neue Wege öffnen sich." Da ich in einer Sackgasse steckte, gab es nichts zu verlieren. Ausmisten würde mir und meiner Wohnung ohnehin nicht schaden. Damals befand sich mein Büro noch zuhause und war überfüllt mit Büchern, Studienunterlagen, Bewerbungsmappen und einigen Projekten, die ich aus Verzweiflung ins Leben gerufen habe, die mir allerdings wenig Freude und Spaß bereiteten. Ich verdiente mit ihnen Geld, das war es aber auch. Auf einer Skala von 1 (unzufrieden) bis 10 (perfekt) stufe ich meine damalige berufliche Situation im Nachhinein mit 3 ein. Wie Sie sehen, gab es viel, viel Luft nach oben!

Die erste Verbindung zwischen Raum und Erfolg

Erst begann ich, die Wohnung aufzuräumen und Dinge, für die ich keine Verwendung mehr hatte, auszumisten. Natürlich war irgendwann mein Büro an der Reihe. Meine Studienunterlagen und jede Menge verstaubter Bücher mussten weichen. Zugegeben, es war ein innerer Kampf diese Dinge, die mich bisher begleitet hatten, einfach aus meinem Leben zu werfen. Der Gedanke: „Ich könnte sie vielleicht doch noch einmal brauchen!", war mein ständiger Begleiter. Andererseits war mir klar, dass sich etwas ändern musste, wenn ich neue Möglichkeiten und Wege entdecken wollte.

Nach dieser groß angelegten Ausmistaktion fühlte ich mich unglaublich befreit, vor allem habe ich zum ersten Mal gemerkt, wie ungünstig ich meinen Arbeitsplatz eingerichtet hatte. Diese beiden Hängeregale, auf denen sich schwere Ordner sammelten schwebten direkt über meinem Schreibtisch und konnten jederzeit mitsamt den Ordnern auf mich herabfallen. Platzsparend in einer Ecke mit Blick an die kahle weiße Wand stand der Schreibtisch – „mein Thron" – von wo aus ich meine Karriere aufbauen wollte, die noch in den Kinderschuhen steckte. In diesem Moment fiel es mir wie Schuppen von den Augen: Wie konnte ich auf Perspektiven warten und hoffen, wenn ich selbst keine vor meinen Augen hatte? Diese Wand war mein persönliches Brett vor dem Kopf. Je mehr Zeit ich am Schreibtisch verbrachte, desto stumpfer und ideenloser wurde ich.

Ich gehöre zu den Menschen, die gerne erst handeln, um sich dann ohnehin Gedanken darüber zu machen, ob es richtig oder falsch war. Beim Lesen der vielen Feng Shui Bücher haben sich zwei zentrale „Regeln" herauskristallisiert:

- Was Du siehst, bekommst Du.
- Schütze immer Deinen Rücken.

Ein Blick auf meinen, nun aufgeräumten, Arbeitsplatz ließ mich erkennen, dass ich diese beiden wichtigen Regeln auf der ganzen Linie über Jahre hinweg missachtet hatte. Kurzerhand drehte ich den Schreibtisch mit Blick zum Fenster um und hängte das über mir schwebende Regal mit den schweren Ordnern ab. Beim ersten Probesitzen am neuen Schreibtisch fühlte ich zum ersten Mal nach langer Zeit Power und Zuversicht. Kein Wunder, ich blickte nun nach draußen auf unseren Ort, hatte eine Wand im Rücken und die Zimmertüre im Blickfeld. Natürlich fragte ich mich: Wie kann die Gestaltung eines Raumes über meinen Erfolg, Inspiration und inneren Antrieb bestimmen?

Diese Veränderung war der Schlüssel, der meine Neugierde am Feng Shui weckte und daran, wie wir im Westen diese großartige Lebensphilosophie unauffällig in das Arbeitsleben und vor allem die Arbeitsräume implementieren können. Es dauerte nicht lange und ich saß in der Feng Shui Ausbildung, obwohl ich mein Diplom der Betriebswirtschaft gerade mit nach Hause gebracht hatte.

Feng Shui? – Echt jetzt?

Diese Frage bekomme ich nach wie vor sehr häufig von meinen Gesprächs- und Geschäftspartnern gestellt, während sie mich mit ungläubigen Augen anschauen. Kann es denn mein

Ernst sein, Feng Shui für mehr Erfolg, Power und Energie im Unternehmen zu empfehlen? Sind da nicht Schulungen, Coachings und Beratungen die richtigen Tools?

Hier ist der Punkt: Beides ist wichtig und richtig. In Coachings und Schulungen steht die persönliche Entfaltung des Menschen, seines Wissens und Potenzials im Vordergrund. Im Rahmen einer Feng Shui Beratung wird der Mensch im Zusammenhang mit seinen Arbeitsräumen betrachtet. Genau in dieser Verbindung steckt ein noch unentdecktes Erfolgspotenzial. Indem im Raum bestimmte Veränderungen vorgenommen werden, bekommen die Menschen mehr Energie und Klarheit, was wiederrum dem Unternehmen und zugleich dem persönlichen Wohlbefinden Vorteile bringt. Es macht einen Unterschied, ob Sie nach 8 oder 10 Stunden im Büro müde und erschöpft nach Hause gehen oder mit Power und Energie, oder Sie sich von Wochenende zu Wochenende und von Urlaub zu Urlaub durch Ihr Berufsleben quälen oder ob jeder Tag eine Bereicherung ist.

Mit meiner langjährigen Berufserfahrung als Feng Shui und Tao Geomantie Meisterin habe ich mit Menschen zusammengearbeitet, die in ihrem Job unglücklich waren, weil er nicht zu ihnen passte. Doch ich habe auch sehr häufig meine Kunden sagen hören: „Ich mag meinen Beruf, arbeite gerne mit Kollegen und Kunden zusammen und doch fühle ich eine ständige Müdigkeit und Antriebslosigkeit im Büro". Niemand konnte sich erklären warum. Augenscheinlich passte alles. Doch der Schreibtisch war sehr ungünstig im Büro platziert. Er befand sich genau zwischen der Bürotüre und dem Fenster. Eine Position in der niemand dauerhaft Halt und Unterstützung finden kann. Aus Feng Shui Sicht ist es so, als ob Sie den Schreibtisch auf die Autobahn gestellt hätten und versuchen zu arbeiten, während die Autos mit hohem Tempo an Ihnen vorbeirasen. Keine sehr angenehme Vorstellung, oder? Alleine schon, dass der Arbeitsplatz aus dieser Schusslinie gebracht wird, bewirkt, dass der Mensch mehr Energie hat und sich unterstützt fühlt.

Ziel ist es, mit kleinen Veränderungen den größtmöglichen Nutzen zu erlangen. Ganz nach dem taoistischen Prinzip: Mit dem kleinsten Aufwand den größtmöglichen Erfolg zu erzielen.

Feng Shui sieht man nicht, sondern spürt es

Weitere skeptische Gedanken die mir, gerade im Businessbereich, häufig entgegengebracht werden, sind: „Feng Shui ist doch viel zu esoterisch für die westliche Welt" oder „Das Büro schaut nach der Beratung bestimmt aus wie ein chinesisches Dekorationsgeschäft!"

Feng Shui ist weder esoterisch noch an den chinesischen Einrichtungsstil gebunden. Das Wort Esoterik leitet sich aus dem griechischen Wort esōterikós = „innerlich", „dem inneren Bereich zugehörig", ab. Im heutigen Sprachgebrauch wird der Begriff „Esoterik" jedoch sehr häufig herangezogen, um etwas „Irrationales" oder „Versponnenes" zu beschreiben. So wurde in den 90er-Jahren auch dem Feng Shui teilweise der oberflächliche Stempel „esoterisch" aufgedrückt. Wie bereits erwähnt, basiert Feng Shui auf der Beobachtung der Natur und ihrer Gesetze. Feng Shui bedeutet „Wind und Wasser" und wird im Buch der Riten von Guo Po wie folgt beschrieben:

„Qi wird vom Wind zerstreut und stoppt an der Grenze des Wassers."

Die Büroräume nach Feng Shui Prinzipien zu gestalten, bedeutet in erster Linie dafür zu sorgen, dass sie vollständig mit sanft fließendem Qi (=Lebensenergie) versorgt sind. Das ist die Grundlage für Vitalität und beruflichen Erfolg. Dieses grundlegende Prinzip können Sie sich wie die Akupunktur der Räume vorstellen. Während in der Akupunktur die Lebensenergie durch das Setzen von Nadeln auf bestimmte Punkte der Körpermeridiane in den Fluss gebracht wird, bedienen wir im Feng Shui Möbel, Farben, Materialien und Licht.

Selbstverständlich hat Feng Shui auch eine spirituelle Seite. Indem Sie Ihre Aufmerksamkeit, den Willen und das Feng Shui in Übereinstimmung bringen, werden die gewünschten Veränderungen schneller passieren. Genau an diesem Punkt möchte ich Ihnen folgende Frage stellen:

Was sind Sie bereit für Ihren Erfolg zu tun?

Beobachten Sie einfach mal, welche Antworten Ihnen durch den Kopf rasen und nehmen Sie wahr, welche Gefühle sich in Ihnen regen. Mehr müssen Sie jetzt noch nicht machen.

Es gibt drei verschiedene Möglichkeiten mit diesem Buch zu arbeiten:

- Sie lesen das Buch als Lektüre und legen es zu den vielen Büchern, die Sie bereits gelesen haben.
- Sie setzen die Feng Shui Empfehlungen um und warten auf Veränderungen in Ihrem Leben, die sich von selbst und automatisch einstellen.

- Sie beginnen, Feng Shui als Lebensphilosophie in die Räume einzuarbeiten und lassen sich durch die Übungen und Tipps aus diesem Buch inspirieren und trauen sich, nach Ihren Träumen zu greifen.

Es liegt in Ihrer Hand, welche Strategie Sie wählen.

Wie Sie das Buch zum Erfolg führen wird

Beinhaltet dieses Buch das ultimative Rezept für Ihren Erfolg? Werden Sie im Buch Antworten auf die Frage finden, was Sie noch tun können, um erfolgreicher, was auch immer Erfolg für Sie persönlich bedeutet, zu sein? Mit Sicherheit! Allerdings kann ich Ihnen nicht sagen, in welchem Kapitel Sie Ihren persönlichen AHA-Moment haben werden. Vielleicht werden es mehrere AHA-Momente sein. Jedes Mal wird sich Ihnen ein neuer Weg eröffnen, ein neuer Blickwinkel zeigen und das wird Ihnen die Freiheit der Entscheidung geben, bewusst eine neue Richtung einzuschlagen.

Ich habe für Sie verschiedene Checklisten und Mitmachübungen in diesem Buch zusammengestellt, um Sie in dem Prozess zu unterstützen. Deshalb meine erste Empfehlung bereits an dieser Stelle: Besorgen Sie sich ein schönes Notizbuch, in welchem Sie Ihre Gedanken, Einsichten und Ideen festhalten können. Ich möchte Sie einladen, dieses Notizbuch zu Ihrem ständigen Begleiter werden zu lassen. Nehmen Sie es immer mit, an jeden Ort und zu jeder Zeit. Sie wissen nie, wann Ihnen die Momente der Klarheit begegnen werden, die Ihnen neue Blickwinkel auf Ihr (Arbeits-)Leben, Ideen und Lösungen liefern und die Ihnen womöglich nur Momente später nicht mehr zugänglich sein werden. Also:

schreiben, skizzieren, malen und kleben Sie **alles** in das Notizbuch hinein, was Ihnen begegnet. Folgen Sie Ihren Impulsen – aussortieren können Sie auch später.

In den folgenden Kapiteln werden Sie Fachwissen, gepaart mit Geschichten aus meiner langjährigen Feng Shui Beratungserfahrung und konkrete Umsetzungstipps finden. Stück für Stück werden Sie das ungenutzte Erfolgspotential Ihrer Arbeitsräume erkennen und erfahren, wie Sie es nun zu Ihrem Vorteil nutzen können. Allerdings sind diesem Buch auch Grenzen gesetzt – Sie entscheiden letztendlich, wie Sie handeln und welche Schritte Sie auf dem Weg zur Verwirklichung Ihrer Arbeits(t)räume gehen möchten und werden.

Auf den Punkt gebracht

Machen Sie mit, werden Sie kreativ und lassen Sie uns gemeinsam Ihre Arbeitsräume gestalten, in denen Sie erfolgreich, klar und kreativ arbeiten können. Doch ein Versprechen möchte ich Ihnen abverlangen, bevor wir beginnen:

Versprechen Sie, dass Ihre Arbeitsräume keine Nebensache mehr sein werden, in denen Sie Ihr Arbeitsleben absitzen und sich auf den Feierabend freuen, sondern ein wichtiger Schlüsselbereich in Ihrem Leben.

Großartig! Dann lassen Sie uns nun beginnen…

Warum der Erfolg von den Arbeitsräumen abhängt

Die Art und Weise, wie Sie Ihren Raum gestaltet und Ihren Schreibtisch organisiert haben, kann darüber bestimmen, wie erfolgreich Sie sind. Denken Sie, dass diese These zu weit hergeholt ist? Keinesfalls! Im Laufe Ihres Arbeitslebens sind Sie bestimmt an vielen verschiedenen Arbeitsplätzen gesessen – ganz unabhängig davon, ob Sie angestellt oder selbständig waren. Überlegen Sie, wann waren Sie inspiriert, voller Ideen und Tatendrang und wo haben Sie sich eingesperrt und ideenlos gefühlt. Jetzt holen Sie sich die Bilder von den damaligen Büros in Gedanken hinzu. Welche Parallelen stellen Sie fest?

Ich führe Sie mit dieser kleinen Übung in die Vergangenheit, damit Sie selbst erkennen, welche Auswirkungen Ihr Büro auf Ihr Wohlbefinden und den Erfolg hat. Stellen Sie das einmal fest, werden Sie für die Zukunft sensibilisiert und achten mehr auf Wahl und Einrichtung Ihrer Arbeitsräume. Vor allem werden Sie schneller spüren, ob Raum und Arbeitsplatzgestaltung Sie unterstützen oder Ihnen Energie rauben.

Übung: Die Wirkung Ihrer vergangenen Arbeitsplätze

Es ist an der Zeit, Ihr Notizbuch einzuweihen. Schreiben Sie Ihre Beobachtungen aus dieser Übung auf. Folgende Stichpunkte helfen Ihnen, ein klares Bild zu bekommen:

- *Welche Position hatte mein Schreibtisch?*
- *Blickte ich vom Schreibtisch in den Raum, aus dem Fenster oder an die Wand? War dieser Ausblick inspirierend?*

- *Wenn ich am Schreibtisch gesessen bin, hatte ich Türe, Fenster oder Wand im Rücken?*
- *Habe ich mich im Büro „zuhause" gefühlt? Oder war es ein unpersönlicher Arbeitsplatz?*
- *Wie habe ich mich gefühlt, wenn ich das Büro betreten habe? Bedrückt oder inspiriert?*

Die Liste können Sie beliebig ergänzen. An dieser Stelle soll sie Ihnen nur ein paar Anhaltspunkte liefern, um die vergangenen Arbeitsplätze besser einordnen zu können. Nachdem Sie mit der Beobachtung fertig sind, wenden Sie die gleiche Vorgehensweise auf die gegenwärtigen Räume an und versuchen Sie Parallelen zu finden. Möglicherweise werden Sie bereits jetzt feststellen, ob Ihr jetziges Büro eine Veränderung braucht.

Welche Auswirkung ein ungünstig gestellter Schreibtisch auf die Mitarbeiter und das Unternehmen haben kann, erlebte ich vor einigen Jahren im Rahmen einer Geschäftsberatung.

Wer sitzt an diesem Schreibtisch?

Bevor ich in den Feng Shui Beratungen Feststellungen treffe und Maßnahmen vorschlage, stelle ich meinen Kunden jede Menge Fragen, um mir ein Bild des Status Quo zu machen. Manche Fragen dienen auch dazu, meine Vermutungen, die ich aufgrund von bestimmten Gegebenheiten im Raum treffe, zu bestätigen oder zu zerstreuen. So war es auch bei der Beratung für eine Eventagentur in München. Der Wunsch nach einer Feng Shui Beratung entstand, nachdem den Inhabern aufgefallen war, dass es zwischen den Mitarbeitern immer wieder Spannungen gab, die sie sich nicht erklären konnten. Die Arbeitsplätze gliederten sich in drei Büros mit jeweils 3 bis 5 Arbeitsplätzen. Kurz gesagt, das Büro platzte aus allen Nähten, aber ein Umzug in größere Räumlichkeiten kam noch nicht in Frage. Mir war aufgefallen, wie wenig Privatsphäre die einzelnen Mitarbeiter hatten und dass sehr viele in ungünstigen Positionen saßen. Beispielsweise zwischen Türe und Fenster, mit Blick auf die Wand oder mit dem Rücken zur Eingangstüre. In Abbildung 1 habe ich einen dieser Büroräume skizziert, doch die Platzierung der Arbeitsplätze in den anderen Räumen war ähnlich.

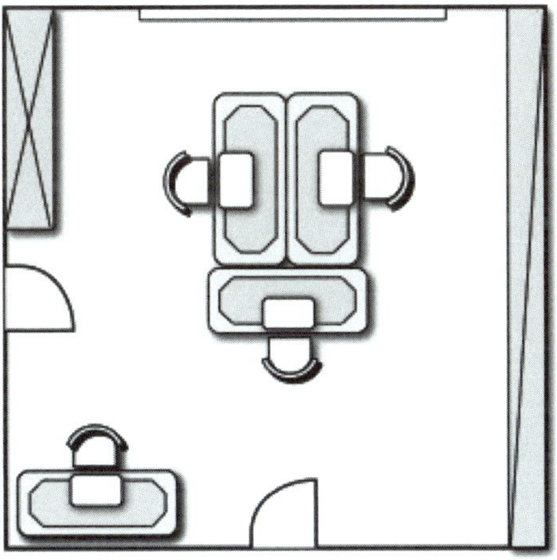

Abbildung 1: Büroanordnung vor Feng Shui Beratung

Das Büro war bis auf den Arbeitsplatz mit dem Rücken zur Türe besetzt. Ich fragte nach, wer an diesem Platz üblicherweise sitzt. „Tja", sagte einer der Inhaber „Dieser Arbeitsplatz unterliegt der größten Fluktuation, weil sich diese Mitarbeiter nie unterstützt fühlen bzw. das Gefühl haben, alle

Kollegen fallen Ihnen in den Rücken, obwohl das natürlich nicht stimmt." Diese Antwort verwunderte mich keineswegs. Genau das ist die Folge dieser Schreibtischposition. Jemand, der an dieser Stelle sitzt, kann sich nicht auf die Arbeit konzentrieren, weil er unbewusst ständig damit beschäftigt ist, sich darüber Gedanken zu machen, was hinter seinem Rücken vorgeht. Kurz gesagt, diese Person fühlt sich nicht sicher. Produktives Arbeiten – Fehlanzeige. Vertrauen in das Team und die Unterstützung des Unternehmens ist nicht möglich. Mit der Beratung habe ich die Anordnung der Arbeitsplätze geringfügig geändert und die seitliche Türe, die kaum benutzt wurde, zusperren lassen.

Abbildung 2: Büro nach Feng Shui Beratung

Das Feedback war, dass die Mitarbeiter mehr miteinander kommunizieren und gemeinsam Projekte vorantreiben, anstatt miteinander in Konkurrenz zu sein.

Zweckmäßig eingerichtete Arbeitsplätze!?

Viel zu oft höre ich Menschen sagen: „Mein Büro ist zweckmäßig eingerichtet. Mehr braucht es nicht – schließlich arbeite ich nur dort!" Zweckmäßig eingerichtet? Wie bitte? Falls Sie das noch nicht gemacht haben, dann überschlagen Sie mal, wie viel Zeit Ihres Lebens Sie am Arbeitsplatz verbringen. Es wird kaum Ihre Absicht sein, diese wertvolle Lebenszeit abzusitzen, beziehungsweise abzuarbeiten, sehnsüchtig wartend auf den Feierabend, das Wochenende, den Urlaub oder gar auf die Rente. Können Sie sich vorstellen, Ihre Arbeitsräume so an Ihre Bedürfnisse anzupassen, dass Sie sich jeden Tag freuen, wenn Sie sie betreten?

Natürlich spielen nicht nur die Arbeitsumgebung, sondern auch die Kollegen, Kunden und Vorgesetzten eine wichtige Rolle bei der Zufriedenheit im Arbeitsleben. Mein Anliegen ist es, in diesem Buch das Augenmerk auf die Raum- und Arbeitsplatzgestaltung zu richten, womit ich nicht die Gestaltung nach DIN-Normen meine, an die sich die meisten Unternehmen halten, sondern vielmehr geht es darum, aus Ihrem Büro und Arbeitsplatz eine Oase der Klarheit, Balance und Energie zu machen, damit Sie alles erreichen können, was Sie erreichen möchten.

> Implementieren Sie Feng Shui in Ihre Lebens- und Arbeitsräume und gestalten Sie diese mit Liebe und Sorgfalt. Ich garantiere Ihnen, dass sich durch die Veränderung Ihrer Umgebung auch Ihr Leben zum Positiven hin verändern wird.

Erkennen Sie Ihre Arbeitsräume an

Ich bin überzeugt, dass jeder Raum eine Seele hat. Die Gedanken und die Energie, die Sie in Ihren Arbeitsbereich einbringen, wird Sie während Ihres Verweilens dort umgeben und beeinflussen. Ist es also nicht nur logisch die Räume mit positiver Einstellung, Gedanken und Energien zu füllen? Sie können gerne gleich jetzt damit beginnen, die Möblierung im Büro zu verändern, doch die Auswirkung wird bei Weitem nicht so stark sein, als wenn Sie persönlich Ihre Beziehung zum Büro positiv beeinflussen und den Raum mit Anerkennung und aufbauender Energie füllen.

Bevor es zur nächsten Übung geht, möchte ich noch einen kleinen Hinweis loswerden. Unabhängig davon, ob Sie ein eigenes Büro haben, angestellt sind und ein Büro zugewiesen bekommen haben, ob Sie alleine dort arbeiten oder gemeinsam mit Kollegen. Diese, sowie alle anderen Übungen können Sie für Ihre Situation umformulieren und uneingeschränkt machen. Betrachten Sie Ihren Arbeitsbereich. Wenn Ihre Kollegin oder Ihr Kollege Lust hat mitzumachen, dann gehen Sie gemeinsam auf diese Reise zur Erfüllung Ihrer Arbeits(t)räume. Sollte sie oder er keine Lust und kein Interesse haben, bedeutet das keinesfalls, dass Sie nichts machen können. Sie beginnen und arbeiten in Ihrem Arbeitsbereich. Die Erfahrung hat in der Vergangenheit gezeigt, dass Partner und Kollegen, die das Vorgehen im Vorfeld boykottiert haben, neugierig wurden und irgendwann in den Prozess eingestiegen sind. Lassen Sie sich nicht entmutigen und gehen Sie voran!

Übung: Füllen Sie das Büro mit Aufmerksamkeit

Mit dieser Übung möchte ich Sie dabei unterstützen die Räume mit Anerkennung und Aufmerksamkeit zu erfüllen, was am Anfang durchaus eine Herausforderung sein kann.

- *Begrüßen Sie Ihr Büro jeden Tag, wenn Sie es betreten und verabschieden Sie sich, wenn Sie es verlassen. Auch wenn Sie sich am Anfang komisch vorkommen, machen Sie es. Wenn nicht laut, dann mental. Bereits in wenigen Tagen wird Ihnen ein Willkommensgefühl entgegenkommen, wenn Sie die Türe Ihres Büros öffnen.*
- *Bringen Sie Ihrem Büro einmal in der Woche Blumen mit. Sie bringen Schönheit und Heiterkeit in den Raum und in Ihr Herz. Bitte entsorgen Sie die Blumen regelmäßig, sonst schlägt die Wirkung ins Negative um. Sie möchten keine Schnittpflanzen kaufen? Dann weichen Sie einfach auf blühende Topfpflanzen aus.*
- *Machen Sie Ihren Arbeitsplatz zu Ihrem persönlichen Platz. Damit meine ich nicht, daraus einen Wohnbereich mit Familienbildern, Kuscheltieren und Urlaubskarten zu gestalten. Es reichen bereits ein oder zwei Dinge, die Ihnen das Herz aufgehen lassen.*
- *Wiederholen Sie diese Übung auch dann, wenn Sie Kollegen haben, deren Verhaltensweisen Sie an die Grenzen Ihrer Geduld bringen. Denken Sie nicht: „Es macht eh keinen Sinn". Sie werden überrascht sein, wie sich selbst negativ eingestellte Menschen öffnen und ändern, wenn sich die Energie im Raum verändert.*
- *Machen Sie diese Schritte jeden Tag, bis sie Ihnen zur Gewohnheit werden und es sich komisch anfühlt, wenn Sie mal vergessen, „Guten Morgen" zu Ihrem Büro zu sagen.*

Auf den Punkt gebracht

Indem Sie die Übungen dieses Kapitels machen, nehmen Sie das Büro an. Sie werden ein Team mit dem Raum und den Menschen, ziehen an einem Strang und arbeiten in Zukunft besser zusammen, anstatt im Widerstand und gegeneinander zu sein.

Machen Sie den Raum, in dem Sie täglich zwischen 7 und 9 Stunden verbringen, zu Ihrem und Sie werden mehr Energie und Vitalität spüren. Tage, an denen Sie müde und erschöpft Ihren Arbeitsplatz verlassen, werden der Vergangenheit angehören.

Ihr Büro formt Ihren Erfolg

Ihre Arbeitsräume sind Ihre zweite schützende Haut. Sie sind die Abgrenzung zwischen der äußeren und inneren Welt und halten Sie im Gleichgewicht. Ihr Büro hat die Aufgabe, Sie von den äußeren Umwelteinflüssen zu schützen, vor Gefahren, Nässe und Kälte. Es soll Ihnen Sicherheit und Geborgenheit geben. Durch die Türen und Fenster kommen Licht und Lebensenergie hinein, die Sie benötigen, um langfristig erfolgreich zu arbeiten und gesund zu bleiben. Außerdem ist das Büro das Gerüst, welches Ihren Wohlstand und beruflichen Erfolg aufrecht und zusammen hält.

Betrachten wir Ihre Arbeitsräume durch die Feng Shui Brille, gibt es keinen Bereich, der dabei vernachlässigt werden kann. Weder Abstellfläche, noch Materialsammlungen oder das Archiv, auch kein Sideboard und nicht einmal Schubladen. Ihr Büro ist ein mit Ihnen verbundener zusammenhängender Organismus. Sie würden auch nicht auf die Idee kommen, den linken Arm zu vernachlässigen, nur weil Sie Rechtshänder sind, oder?

> Wie es uns geht, ob wir gesund und erfolgreich sind, hängt von verschiedenen Faktoren ab: Was wir essen, mit wem wir Zeit verbringen, womit wir uns beschäftigen, was wir denken und letztendlich von der Umgebung, in der wir wohnen und arbeiten.

Im Leben ist alles Energie, das hat uns die Physik längst bewiesen. Die TCM (Traditionelle Chinesische Medizin) geht sogar so weit zu sagen, dass jeder Mensch mit einer gewissen Menge an Lebensenergie geboren wird, die in den Nieren beheimatet ist, wenn diese aufgebraucht ist, stirbt man. Dieses „Energiekonto" wird mit Liebe, Spaß, Schlaf, Sonne, Genuss und Entspannung aufgefüllt und durch ungesundes Essen, Stress, Angst und Sorgen aufgezehrt. Führen Sie ein Leben, in dem Stress dominiert, werden Ihnen 6 Wochen Urlaub und 52 Wochenenden nicht ausreichen, um die Lebensenergie aufzuladen.

Statt in Gut und Schlecht zu denken, wäre es besser, ein Gleichgewicht im Leben zu schaffen, um einerseits grundsätzlich weniger Energie zu verlieren und andererseits „Aufladestationen" zu schaffen.

Zu diesen Aufladestationen gehört neben Ihrem Zuhause eindeutig auch das Büro. Genau an dieser Stelle kommt das Feng Shui als elementares Puzzleteil in Ihr Leben. Bevor wir aus Ihrem Büro eine Energiequelle machen, müssen die Energiesauger weichen. Im Detail werden wir uns im nächsten Kapitel damit beschäftigen, aber ich möchte Ihnen an dieser Stelle eine kleine Beobachtungsaufgabe für die nächsten Tage mitgeben.

Übung: Ist Ihr Büro ein Energiesauger?

- *Halten Sie Ihr Notizbuch einsatzbereit.*
- *Stellen Sie sich in das Büro bzw. setzen Sie sich an Ihren Arbeitsplatz und beobachten Sie Ihr Arbeitsumfeld. Schauen Sie sich ganz genau um. Versuchen Sie Ihre Gefühle wahrzunehmen. Bei welchen Gegenständen haben Sie ein gutes Gefühl, wann sind Sie einfach nur genervt und gibt es etwas in Ihrem Büro, wobei Sie Widerstand spüren?*
- *Machen Sie sich eine Liste aller Dinge, die ein Unwohlsein bei Ihnen auslösen. Einfach aufschreiben. Den Gegenstand und das Gefühl dazu. Beispielsweise: klemmende Schublade – nervt mich, zu laut klingelndes Telefon – schreckt mich jedes Mal auf, usw.*
- *Verfahren Sie nun gleichermaßen mit allem, was Sie im Büro positiv beeinflusst und Ihr Herz aufgehen lässt. Schenken Sie diesen Gegenständen besondere Aufmerksamkeit. Schreiben Sie wieder eine Liste: Gegenstand und das dazugehörige Gefühl.*
- *In dieser Übung geht es nur um das Wahrnehmen und Aufschreiben. Noch geht es nicht darum, zu verändern und auszumisten.*
- *Bleiben Sie die nächste Zeit bewusst und ergänzen Sie die Liste mit allem, was Ihnen noch auffällt.*

Indem Sie Feng Shui in Ihre Arbeitsräume integrieren, erschaffen Sie ein Umfeld, in dem Sie Ihre Potenziale und

Talente entfalten können. Sie sorgen dafür, dass Ihre Lebensenergie (Qi) in Balance bleibt, und räumen die Steine aus Ihrem Lebensweg, die Sie daran hindern, erfolgreich, glücklich und gesund zu sein.

Allerdings kann Feng Shui nur das unterstützen, was vorhanden ist. Gehen Sie in Aktion, um Ihrem (Berufs-)Leben frischen Wind zu geben, dann werden Sie dabei unterstützt werden. Bleiben Sie in der Tretmühle des Alltags, wird Ihnen auch das neue Bild im Büro keine große Veränderung bringen.

Auf den Punkt gebracht

Feng Shui wird Ihnen vielleicht keine direkte Gehaltserhöhung bescheren oder neue Geschäftspartner vor die Türe bringen. Die wahre Kraft des Feng Shui werden Sie erfahren, wenn Sie sich auf den Weg machen, neugierig auf das Leben werden und das Potenzial entdecken, das Ihre Arbeitsräume für Sie bereithalten.

Ihr Büro – Ihr Spiegel

Die Lebens- und Arbeitsräume sind der Spiegel unseres Lebens und sie zeigen unverblümt und ehrlich, wer wir sind. Vor allem aber spiegeln sie uns wieder, wie wir uns zurzeit fühlen. Das Prinzip der Analogie besagt:

„Wie oben, so unten; **wie innen, so außen***,*
wie der Geist, so der Körper."

Wenn Ihre Räume im Chaos sind, dann fehlt im Innen die Klarheit. Vor allem ist es eine unnötige Herausforderung, um innere Klarheit zu ringen, wenn die Räume im Chaos versinken. Die Frage, die sich stellt ist: Wo soll ich beginnen? Soll ich erst aufräumen oder meine Gedanken ordnen? Beides natürlich und am besten gleichzeitig. Idealerweise gehen Sie dabei systematisch vor und nutzen ganz einfach das System, das ich Ihnen in diesem Buch an die Hand gebe. In diesem Buch stehen die Arbeitsräume im Vordergrund, aber fühlen Sie sich frei auch Ihre Lebensräume mit einzubeziehen. Jetzt fragen Sie sich vielleicht, was Sie gewinnen, wenn Sie sich auf diesen Prozess einlassen?

- Überblick
- Zeit
- Raum

Und Sie schaffen die Grundlage, nachhaltig Feng Shui für mehr Erfolg und Wohlstand in Ihren Arbeitsräumen zu implementieren.

Gewinnen Sie den Überblick

Wer den Überblick hat, hat den Durchblick! Zu viele Dinge in unserem Umfeld sowie zu viele Gedanken in unserem Geist rauben uns die Aufmerksamkeit und die Kraft, uns zu fokussieren und zu konzentrieren. Geben Sie Kindern zu viele Spielsachen, so werden sie unruhig, quengelig und spielen mit nichts, weil sie überfordert sind. Genauso verhält es sich mit Erwachsenen, nur sind unsere „Spielsachen" unerledigte Projekte, die offene Ablage eine nie endende ToDo Liste sowie unzählige Sorgen und Ängste.

Fakt ist, dass unsere Aufmerksamkeit auf 100 % begrenzt ist. Arbeiten wir ständig an dieser Kapazitätsgrenze, landen wir, früher oder später, im Burn-out. Also gilt es die Aufmerksamkeitsräuber zu identifizieren und zu eliminieren. Ob Ihr Arbeitsplatz Ihre Aufmerksamkeit überstrapaziert, lässt sich meist schnell erkennen. Nachfolgend habe ich für Sie zwei Beispiele ausgesucht, damit Sie eine Idee bekommen, worauf Sie achten sollten:

- Computerbildschirme, die rundum mit kleinen gelben Zetteln voller Notizen beklebt sind. An solch einem Arbeitsplatz ist es unmöglich zu 100 % mit der Aufmerksamkeit bei der Sache zu sein, weil die Notizen ständig ins Auge stechen und der Fokus auf andere Aufgaben, die jetzt nicht anstehen, gelenkt wird. Die Konsequenz: Sie benötigen länger, um die Arbeit fertigzustellen.
- Der Schreibtisch, überfüllt mit anstehenden Projekten, aktuellen Notizen sowie der Ablage, die erledigt werden muss. Nicht nur, dass Sie von der aktuellen Aufgabe abgelenkt werden, es schleicht sich auch innere Unruhe und

ein subtiles Angstgefühl ein, Sie könnten etwas Wichtiges übersehen. Das führt wiederum zur körperlichen Verspannung und ist mit ein Grund, warum Sie möglicherweise, erschöpft und angespannt Ihren Arbeitstag beenden.

Ballast und Gerümpel in den Arbeitsräumen binden und zerstreuen die Aufmerksamkeit, was uns Energie kostet. Zudem hindert Ballast uns daran, den Überblick über das Business und die Projekte zu behalten. Die Konsequenz: wir können günstige Gelegenheiten nicht ergreifen, weil wir sie nicht wahrnehmen. Sie brauchen an erster Stelle einen guten Überblick, um Ihre geschäftlichen Ziele zu verwirklichen. Wenn Ihre Räume klar sind, sind Sie selbst kraftvoll und können Ihr Leben so gestalten, wie Sie es wollen.

Gewinnen Sie Zeit!

Wer kennt das Gefühl nicht, wenn man im Stress ist. Die Atmung wird flacher, der Puls erhöht sich. Sie bekommen einen Tunnelblick, das Gedankenkarussell im Kopf beginnt sich immer schneller zu drehen. Stehen Sie permanent im Stress, werden diese Körperreaktionen der Normalzustand, was nicht gesund ist – das hat uns die Medizin schon längst bewiesen. Wie hängen Stress, Gerümpel und Zeit zusammen?

Überlegen Sie mal, wie viel Zeit kostet Sie das Suchen nach den richtigen Unterlagen? Wie viel mehr an Zeit benötigen Sie, wenn Sie unkonzentriert an einem Projekt arbeiten und sich ständig ablenken lassen?

Ein ganz wesentlicher Faktor bei der Zeit ist, dass wir sie weder aufhalten, noch lagern oder kaufen können! Jede Sekunde, die vorbeigegangen ist, gehört der Vergangenheit an und ist unwiederbringlich verloren. Die gute Nachricht ist: Es liegt in Ihrer Hand, Ihre Zeit so sinnvoll wie möglich zu verwenden und zu gestalten. Ihre Zeit ist zu wertvoll, um sie mit Suchen zu verschwenden. Misten Sie Ihr Büro aus, schaffen Sie Klarheit und Ordnung. Eliminieren Sie Energiesauger, Dinge wie auch Personen und schaffen Sie ein ansprechend gestaltetes Büro, in dem sich Ihre Kreativität und Ihr Potential vollkommen entfalten können.

Übung: Was würden Sie tun, wenn Sie mehr Zeit hätten?

Die neu gewonnene Zeit können Sie in die Entwicklung Ihres Unternehmens, in Ihre Freizeit, Familie oder soziale Aktivitäten investieren. Werden Sie konkret und schreiben Sie alles auf, was Ihnen einfällt. Auch bei dieser Übung ist wichtig: Schränken Sie Ihre Ideen und Wünsche nicht ein, nur weil Sie jetzt keine Zeit für die gewünschten Aktivitäten haben. Wir befinden uns am Anfang unserer Reise. Sollten Sie jetzt noch nicht absehen können, wohin die Reise führt, öffnen Sie sich dem Unbekannten und nehmen Sie die Position ein, in der alles möglich ist. Wenn Sie diese kreativen Übungen machen, in denen Sie einen Ausblick in die Zukunft wagen, empfehle ich Ihnen sich Zeit zu nehmen, kein Computer, kein Handy, kein Internet. Nur das Notizbuch, der Stift, Sie und Ihre Wünsche.

Gewinnen Sie Raum

Räume haben eine direkte Auswirkung auf unser Wohlbefinden. Das ist mit der Grund, warum wir uns sehr schnell wohlfühlen wenn wir in den Räumen etwas zum positiven hin verändern. Alleine durch das Aufräumen schaffen Sie bereits eine andere Atmosphäre. Die Räume beginnen zu strahlen. Sollte Sie schon mal die Ausmistwut gepackt haben, dann kennen Sie bestimmt das Gefühl von Leichtigkeit, Klarheit und Entspannung, auch wenn das Ausmisten an sich viel Arbeit gewesen ist. Mit dem Ausmisten, schaffen Sie in erster Linie physischen Raum. Es entsteht eine angenehme Leere. Haben Sie Mut zur Lücke und lassen Sie Freiraum für Ihre berufliche Weiterentwicklung.

Schaffen Sie Raum für neue Kunden

Bei Unternehmensberatungen geht es meistens um diese Fragen: Wie stabilisiere ich das Unternehmen, damit der Umsatz konstant bleibt? Wie halte ich den Wohlstand im Unternehmen? Meistens sind Unternehmensfragen mit dem Neukundengeschäft verbunden. Ich möchte Ihnen an dieser Stelle die Geschichte von einer Werbeagentur erzählen, die ich vor vielen Jahren beraten habe.

Der Inhaber der Agentur bat mich um eine Beratung, weil das Neukundengeschäft zum Erliegen gekommen war. Bereits bei der ersten Besichtigung fiel mir auf, dass die Geschäftsräume komplett mit Ordnern gefüllt waren. Ich hatte das Gefühl, in den Räumen zu ersticken. Der Qi Fluss, der im Geschäftsbereich für den Geldfluss steht, war zum erliegen gekommen. Hier gab es keinen Platz für neue Kunden. Diese Beobachtung teilte ich meinem Kunden mit. Erst war er betroffen. Doch dann sah ich Neugierde in seinen Augen, auch er hatte verstanden, warum das Geschäft stockte.

Noch während des ersten Termins machte ich mit ihm und seinen Mitarbeitern einen Plan und stand ihnen im Prozess des Ausmistens zur Seite. Nach nur einer Woche war der Bestand an Ordnern in der Agentur um 2/3 reduziert. Können

Sie sich vorstellen, so viel wertvollen Raum mit Gerümpel besetzt zu haben, bis zu dem Punkt, dass es den Erfolg des Unternehmens einschränkt? Verrückt, aber wahr. Das ist der Alltag und wenn es nicht die physischen Ordner im Schrank sind, dann sind es die digitalen Ordner auf dem Server der Unternehmen, die zwar den Raum nicht verstopfen, aber die gleiche Wirkung haben.

Für meinen Kunden dauerte es jedenfalls nicht lange, bis das Qi wieder in Bewegung kam und das Geschäft anlief.

!

Das Gesetz der Natur

Hinter diesem Prinzip steht folgendes Naturgesetz: Die Natur füllt leere Räume wieder auf. Möchten Sie im Leben etwas neues begrüßen, so müssen Sie erst dafür Raum schaffen.

Auf den Punkt gebracht

Gewinnen Sie Ihre Freiheit zurück, indem Sie Freiraum schaffen und sich von dem ganzen Krempel lösen, der Sie daran hindert, Ihre Ideen für Ihr Business umzusetzen, sich zu entfalten und in Ihrer Entwicklung vorwärtszukommen.

Finden Sie Ihr WARUM

Vielleicht stellen Sie sich jetzt die Frage: Warum zum Teufel sollte ich all das machen? Mich mit meinen Büroräumen beschäftigen, reflektieren, alles aufschreiben??? Ehrlich gesagt, ist das eine sehr gute Frage, die ich mir jedes Mal stelle, wenn eine Herausforderung bevorsteht. Fakt ist, habe ich kein triftiges WARUM, würde ich mich keiner Herausforderung freiwillig stellen, die außerhalb meiner Komfortzone liegt. Unsere Komfortzone ist das persönliche Reich, in dem Sie sich wohl und sicher fühlen. Es ist der Kreis, der uns gut bekannten Vorgänge und Erlebnisse. Wenn etwas völlig Neues bevorsteht, etwas was ein uns unbekanntes Handeln erfordert, bekommen wir es mit der Angst zu tun. Das Gefühl von Angst ist der eindeutige Indikator dafür, dass Sie Wege außerhalb der Komfortzone beschreiten. Diesen unbekannten Pfad schlagen wir nur dann ein, wenn unser WARUM groß und bedeutend ist. Vielleicht ist Ihr persönliches „Warum?" der zündende Faktor für Ihr Business und Ihre Karriere.

Wenn Sie Ihr WARUM, also Ihren inneren Antrieb nicht kennen, wird Ihr Berufsleben ein Hamsterrad bleiben. Sie machen Dienst nach Vorschrift oder bemühen sich, Ihre Kunden oder Vorgesetzten glücklich zu machen und zufriedenzustellen. Doch das kann es nicht gewesen sein, oder? Was ist mit Ihnen? Haben Sie sich schon einmal die Frage nach dem Sinn des Lebens gestellt? Nach dem Grund, warum Sie hier sind? Nein? Dann ist jetzt die höchste Zeit, um genau das zu machen. Während Klarheit und Energie in den Räumen durch das Ausmisten entstehen, kann durch verschiedene Übungen in Ihrem Geiste Klarheit geschaffen werden. Die Folgende ist eine dieser Übungen.

Übung: Ihr WARUM

Folgende Übung wird Ihnen zur Klarheit im Bezug auf Ihr WARUM verhelfen. Wieder ist Ihr Notizbuch gefragt. Bitte schlagen Sie eine neue Seite auf, schreiben Sie die Überschrift „Mein Warum" und Ihre Antworten auf folgende Fragen auf diese Seite. Denken Sie nicht, sondern notieren Sie, was Ihnen als Erstes in den Sinn kommt. Hier kommen die Fragen:

- *Warum stehen Sie jeden Morgen auf und gehen ins Büro? Was ist Ihre Motivation?*
- *Was möchten Sie in Ihrem Berufsleben begrüßen? Was soll in Ihrem Business bzw. Ihrer Karriere neu entstehen?*
- *Warum lesen Sie dieses Buch?*
- *Warum, denken Sie, sind Sie auf der Welt?*

Nun zum zweiten Teil dieser Übung:

Lesen Sie die Antworten einem Freund, Geschäftspartner oder Kollegen laut vor. Ihr Gegenüber hat nur die Aufgabe, Sie beim Lesen zu beobachten und Ihnen Rückmeldung zu geben, bei welchen Antworten Sie gestrahlt haben, beziehungsweise wann Ihre persönliche Energie gestiegen ist und wann waren die Antworten zu verkopft waren. Besprechen und kommentieren Sie nichts. Alle Antworten bei denen Sie gestrahlt haben, markieren Sie farblich.

Auch hier gilt, sehen Sie die Fragen als Vorschläge und fühlen Sie sich frei, die Liste beliebig zu ergänzen. Wenn Sie eine ganz andere Idee haben, dann wenden Sie diese an. Keine dieser Vorgehensweisen ist richtig oder falsch. Wichtig ist einzig und allein, dass Sie die Methode finden, die für Sie passt.

Sollten Sie zum gegenwärtigen Zeitpunkt keine Antworten finden, kommen Sie später auf diese Übung zurück. Um die Antwort auf die Frage nach dem WARUM zu beantworten, brauchen Sie Klarheit. Und Klarheit kommt durch das Ausmisten, sowohl in den Räumen als auch im Geist.

Auf den Punkt gebracht

- Ordnen und strukturieren Sie Ihre Arbeitsumgebung, damit Sie Überblick gewinnen. So entgehen Ihnen keine günstigen Gelegenheiten, die Sie in Ihrem Business und Ihrer Karriere entscheidend weiterbringen werden.
- Gehen Sie achtsam mit dem Faktor Zeit um. Jede Sekunde ist einzigartig und kommt nie wieder zurück. Verlieren Sie keine Zeit mit Suchen, weil sich zu viel Ballast angesammelt hat.
- In Räumen, in denen das Qi nicht im Fluss ist, können der Wohlstand und Projekte nicht fließen. Die Lösung liegt darin, unnötigen Ballast aus ihnen zu entfernen.
- Finden Sie Ihr WARUM und Sie haben einen der wichtigsten persönlichen Antriebsfaktoren gefunden, um zu neuen Ufern Ihres Berufslebens aufzubrechen.

Der Status Quo

An welcher Stelle wäre es nun sinnvoll zu beginnen? Das herauszufinden, ist das Herzstück dieses Kapitels. Punktuell Kleinigkeiten zu verändern und hoffen, dass genau diese Veränderung die Wende einleiten wird, ist wie Topfschlagen – irgendwann werden Sie den Topf schon treffen. Kann sein, dass Sie dann erschöpft sind – und Sie haben zu viel Zeit verloren. Über das wertvolle Gut „Zeit" habe ich bereits geschrieben. Nichts auf der Welt sollte wertvoller sein, als unsere Zeit. Bitte behalten Sie das immer im Hinterkopf. Den aktuellen Status Quo zu bestimmen, ist die Voraussetzung für jede weitere Veränderung.

Um die Zukunft zu planen, müssen Sie wissen, wo Sie sich gerade im Berufsleben befinden. Sie müssen wissen, wo Ihr Startpunkt ist. Möchten Sie sich von der Navigation im Auto zu Ihrem Ziel führen lassen, so müssen Sie die Zieladresse eingeben. Ihren Standpunkt berechnet die Navigation automatisch. Die Route könnte unmöglich ohne diese beiden Parameter berechnet werden.

> Unsere Arbeitsräume spiegeln, was wir in uns tragen und was uns innerlich beschäftigt. Indem Sie beginnen, Ihre Räume zu verändern, beginnt auch der Prozess der Veränderung in Ihnen selbst. Sie verabschieden alte Erinnerungen und Gegenstände, um dem (Berufs-)Leben neue Impulse zu geben.

Der Ist-Zustand Ihrer Arbeits(t)räume

Lassen Sie uns herausfinden, wo genau aus Sicht des Feng Shui die größten Hindernisse in Ihrem Büro oder Arbeitsplatz liegen, die Sie ungünstig beeinflussen.

Nachfolgend habe ich die Geschichte einer Kundin für Sie aufgeschrieben, deren Selbstständigkeit völlig ins Stocken geriet, weil die Räume ihr nicht erlaubten, Fuß zu fassen. Gleichzeitig brachte das Gerümpel im Haus den Qi Fluss fast zum Erliegen.

Wo beginnt das Chaos?

Vor einigen Monaten bekam ich einen fast schon verzweifelten Anruf einer Dame aus Hamburg. Sie hatte Schwierigkeiten mit Ihrer Selbständigkeit Fuß zu fassen. Auf die Idee Feng Shui könnte ihr als letzte Instanz helfen kam sie, weil sie sich nicht anders zu helfen wusste. Sie fragte, ob Feng Shui nicht den zündenden Impuls für das Durchstarten hätte. Solche Wünsche und Ansprüche an das Feng Shui sind die Regel, obwohl ich immer wieder sage Feng Shui ist keine Wunderwaffe, sondern räumt „Steine aus dem Weg", damit wir unsere Wege ohne unnötige Hindernisse gehen können.

In diesem Telefonat erwähnte sie beiläufig: „Mein Büro ist in meinem Haus, welches ich vor mehreren Jahren bezogen habe und ich muss zugeben, dass nicht alle Umzugskisten ausgepackt sind. Es hat sich vieles angesammelt und ich habe den Überblick verloren." Bereits zu diesem Zeitpunkt ahnte ich, dass sie in ihrem Büro nie angekommen und Wurzeln geschlagen hat, sondern immer noch auf dem Sprung war. Wie sollte also Ihre Selbständigkeit Fuß fassen?

Wir vereinbarten einen Termin und ich flog nach Hamburg. Bereits beim Betreten des Hauses realisierte ich, dass das klassische Feng Shui in Haus und Büro zum Einsatz kommen muss, allerdings galt es erst einmal Klarheit in die Lebens- und Arbeitsräume zu bringen.

Das Büro war eine Mischung aus Zwischenlager, Arbeitsplatz und Atelier. Irgendwo versteckt in der Ecke des Raumes stand der Schreibtisch, der unter der Last der vielen Ordner und Papierstapel zusammenzufallen drohte. Es war in dieser Situation nicht sinnvoll nur den Schreibtisch zu verschieben. Vielmehr war es notwendig die Räume zu entspannen, indem ihnen durch das Ausmisten und Strukturieren wieder Raum zum Atmen gegeben wird. Ausmisten ist die Grundlage für das Feng Shui. In überfüllten Räumen kommt der Qi Fluss, der für den Wohlstand und die Vitalität der Räume und Menschen sorgt, völlig zum Erliegen.

In dieser Beratung stand im Vordergrund die Kundin darin zu unterstützen, die Klarheit im Außen und im Innen wieder zu gewinnen, damit Sie ihre Aufmerksamkeit und Energie zurückbekommt. Im Laufe einiger Monate schaffte sie Stück für Stück Ordnung im Haus und Büro und im gleichen Maße kehrte ihre innere Klarheit wieder zurück. Sie begann wahrzunehmen, wo das Business stockte, wurde kreativ und fand Lösungen. Einer der größten Auswirkungen die sie nach unserer Zusammenarbeit spürte, war eine innere Ruhe und Entspannung. Sie fühlte sich nicht mehr gehetzt, ging gerne in ihr Büro und kam nach einem vollen Arbeitstag inspiriert und energiegeladen zur Familie. Ob ihr Feng Shui den zündenden Impuls für das Business gegeben hat, kann ich nicht genau sagen, aber sie hat ihre natürliche Power zurückbekommen und konnte dann bewusst in das Geschehen eingreifen. Durch das Feng Shui haben wir die

Lebensenergie wieder in den Fluss gebracht und erst durch das Eingreifen der Kundin kam die Veränderung, die sie sich erhofft hatte. Die wahre Kraft des Feng Shui steckt darin, die Menschen zu unterstützen die Dinge zu tun, die sie tun möchten, aber aus nicht ersichtlichen Gründen keine Kraft finden, sie tatsächlich zu machen.

Nun aber zurück zu Ihren Arbeitsräumen. In der Übung auf Seite 22 habe ich Ihnen die Aufgabe gegeben, Ihre Arbeitsumgebung über mehrere Tage zu beobachten und sich Notizen zu machen. Jetzt möchte ich diese Beobachtung noch weiter konkretisieren. Tatsächlich ist der schnellste Weg herauszufinden, ob Sie sich an der Stelle befinden, an der Sie sein möchten, einen Blick auf den aktuellen Status Quo zu werfen.

- Verdienen Sie den Betrag, den Sie verdienen möchten?
- Ist Ihre Arbeit mit Leidenschaft erfüllt oder nur mit Pflichtbewusstsein?
- Sind Sie mit Aufträgen ausgelastet?
- Ist die Beziehung zu Ihren Geschäftspartnern, Kollegen und Kunden harmonisch und erfüllt, oder zäh?
- Haben Sie Spaß an Ihrer Arbeit?
- Ist Ihr Alltag stresserfüllt oder inspirierend?
- Leben Sie im Überfluss oder im Mangel?
- Gehen Sie gerne in Ihr Büro?
- Haben Sie Freude im Beruf, der Freizeit und im Leben?

Oftmals besteht eine große Diskrepanz zwischen dem was wir uns wünschen, und dem wie der Alltag tatsächlich aussieht.

Sollten Sie nach der Beantwortung der Fragen festgestellt haben, dass Ihr Wunschzustand von dem aktuellen Istzustand zu sehr abweicht, dann ist es an der Zeit Änderungen einzuleiten. Ihr Business, vielleicht sogar Ihren gesamten Alltag anders anzugehen. Paul Watzlawick ist für seine Philosophien bekannt geworden. Mein persönliches Lieblingszitat ist folgendes:

„Wenn du immer wieder das tust,
was du immer schon getan hast,
dann wirst du immer wieder das bekommen,
was du schon immer bekommen hast.

Wenn du etwas anderes haben willst,
musst du etwas anderes tun!

Und wenn das, was du tust,
dich nicht weiterbringt,
dann tu etwas völlig anderes –
als immer mehr vom gleichen Falschen!"

Also was machen Sie, was nicht funktioniert? Welche Aktivitäten sollten Sie ergreifen und welche reduzieren? Manches wird Ihnen sofort einfallen und manche Antworten werden auf sich warten lassen. Notieren Sie alles und beginnen Sie langsam, die eine oder andere Veränderung in Ihren Berufsalltag zu implementieren. Vielleicht starten Sie einfach damit Ihre Räume und Kollegen mit einem Lächeln jeden Morgen zu begrüßen.

Ein Lächeln für das Büro

Bei einer Feng Shui Beratung für ein großes Unternehmen kam die Frage auf, wie man dauerhaft die Energie in den Räumen anheben kann. Der Wunsch des Inhabers war, dass die Räume eine Leichtigkeit und Freundlichkeit bekommen, die mit der Einrichtung und Gestaltung nichts zu tun haben. Das Gefühl worüber er sprach war mir bekannt. Es ist diese warme und herzöffnende Energie, die Sie Vertrauen lässt am richtigen Ort zu sein.

Er wollte dass seine Mitarbeiter nicht nur aus Pflichtbewusstsein für das Unternehmen arbeiten, sondern weil sie es möchten, weil sie sich im Unternehmen wohlfühlen. Er wollte die Art von Energie in den Räumen haben, die man mit Geld und Incentives nicht kaufen konnte.

Neben der Umsetzung der Feng Shui Maßnahmen, habe ich ihm die Aufgabe gegeben, jeden Morgen – ohne Ausnahme – mit einem Lächeln, welches natürlich vom Herzen kommen sollte, das Unternehmen zu betreten und seine Mitarbeiter zu begrüßen. Bleibt er konsequent, so wird dieser Funke auf die Mitarbeiter – auch auf die griesgrämigsten überspringen und die Energie wird sich verändern.

Nach knapp einem Jahr berichtete er mir, dass sich die Fluktuation sowie die Fehlerquoten im Unternehmen stark reduziert haben. Ein angenehmer Nebeneffekt war, dass sich die Stimmung im Unternehmen grundlegend zum positiven hin verändert hat.

Diese Veränderung wäre nur durch den Einsatz von Feng Shui Maßnahmen nicht möglich gewesen. Doch dieses Beispiel zeigt eindeutig, welche Kraft entsteht, wenn sich persönliche Veränderungen mit dem Feng Shui verbinden.

Möglicherweise fragen Sie sich, warum ich Ihnen nicht einfach sage, welche Feng Shui Maßnahmen Sie umsetzen sollten, um die gewünschten Ergebnisse zu erzielen. Genau das machen die meisten Feng Shui Bücher – doch ich möchte, dass Sie nicht nur einen kurzfristigen, sondern einen nachhaltigen Energieschub bekommen.

Mein Ziel ist es, diese Verbindung zwischen Ihrem Büro, Unternehmen, Arbeitsplatz und Ihnen herzustellen, damit Sie die gleiche Power und die volle Wirkung des Feng Shui erfahren.

Was beschäftigt Sie?

Zu Beginn habe ich geschrieben, wie wichtig es ist, gerade im Berufsleben klar und aufmerksam zu sein. Großartige und einzigartige Gelegenheiten kreuzen immer wieder unsere Wege. Verpassen Sie diesen idealen Moment, ergreift die Gelegenheit jemand anders und Sie bleiben mit leeren Händen zurück. Dann bleibt die Frage „Wo war ich nur mit meinen Gedanken?" Genau dieser Frage möchte ich jetzt auf den Grund gehen.

> *„Eine Gelegenheit klopft nie zweimal an. Das ist die traurige Wahrheit. Und wenn wir Dinge auf den nächsten Tag verschieben, kann es sein, dass dieser Tag nicht stattfindet."*
>
> *Gloria Estefan*

Im Alltag beschäftigen uns unzählig viele Dinge. Wir wälzen Tonnen an Gedanken in unserem Kopf hin und her. Laut Statistik sollen es bis zu 60 000 Gedanken PRO TAG sein. Können Sie sich das vorstellen? Das ist die ständige Geräuschkulisse im Kopf die morgens startet, noch bevor wir die Augen öffnen und uns abends in den Schlaf redet. Umso wichtiger ist es, sich mehr Klarheit darüber zu verschaffen, welche Gedanken Sie durch den Alltag tragen. Welche sind unterstützend und welche nur Ihren wachen Verstand trüben. Machen Sie sich bewusst, was Sie wirklich tief im Herzen bewegt und was „nur" Ihren Kopf beschäftigt.

Gehören Sie auch der Gruppe von Menschen an, die damit beschäftigt ist, beschäftigt zu sein? Wie ein Hamster in seinem Hamsterrad bestimmen die Gedanken Ihren Alltag und somit Ihren Erfolg. Bitte unterschätzten Sie nicht die Macht der Gedanken. Hier ein Beispiel: Realistisch gesehen, ist es nicht möglich schlecht gelaunt aufzustehen. Sie haben geschlafen und sind vom Wecker geweckt worden. Was soll passiert sein, dass schlechte Laune verursacht haben sollte? Nichts ist tatsächlich passiert, es waren die Gedanken, die Ihnen durch den Kopf gegangen sind, noch bevor Sie die Augen aufgemacht haben. Sie haben ein Gefühl erzeugt und das Gefühl eine Laune. Genau diese tragen Sie beim Aufstehen in sich. Werden Sie sich dieser Gedanken bewusst, können Sie einfach sagen: Moment mal, warum sollte ich heute schlecht gelaunt sein? Ich bin doch gerade erst aufgestanden... Alleine dadurch unterbrechen Sie diese Negativspirale die Ihr Leben bestimmt. So simpel dieses Beispiel auch ist, genauso einfach ist es den ständigen Gedankenfluss in den Griff zu bekommen. Es braucht nur etwas Übung und vor allem Disziplin. Und jetzt sind Sie an der Reihe!

Übung: Was beschäftigt Sie?

Meistens sind die Gedanken eben nicht strukturiert, sondern wild durcheinander. Bei der Arbeit fällt uns die Einkaufsliste ein und während wir einkaufen gehen wir die To- Do für den nächsten Arbeitstag durch. Dann fällt uns noch der Geburtstag der Großmutter ein und dass kein Kopierpapier mehr da ist… Und so geht es unendlich weiter, Tag für Tag.

Mit dieser Übung sollen Sie all diese unsichtbaren Gedanken für sich sichtbar machen. Das wird Sie dabei unterstützen, Klarheit darüber zu bekommen, was im Kopf alles herumschwirrt und Ihnen Ihre Aufmerksamkeit und Energie raubt.

Lassen Sie sich bei der Übung durch nichts stören. Nehmen Sie Ihr Notizbuch zu Hand und schlagen Sie eine Doppelseite auf. Schreiben Sie jetzt kreuz und quer alle Gedanken auf, die Ihnen im Kopf herumkreisen, unabhängig davon welchen Lebensbereich sie betreffen. Lassen Sie Gedanken und Worte fließen.

Wenn Sie fertig sind, schlagen Sie bitte eine neue Doppelseite auf und wiederholen Sie die Übung. Was ist noch an Gedanken übrig? Schreiben Sie es auf!

Wiederholen Sie diese Übung täglich und Sie werden erleben, wie sich die Gedankenflut reduziert, weil Sie sich bewusst werden, dass Sie diesen ständigen Gedankenfluss haben.

Sie werden beginnen sich entspannt, friedlich und klar zu fühlen. Vor allem aber werden Sie mehr Energie haben – weil Sie nichts mehr unnötig beschäftigt. Ihre Aufmerksamkeit ist begrenzt.

Je mehr Aufmerksamkeit durch Gedanken und offene Aufgaben gebunden ist, desto weniger davon steht Ihnen zur Verfügung. Ist die zur Verfügung stehende Kapazität an Aufmerksamkeit komplett gebunden, fühlen wir uns gestresst. Stress ist Grunde nicht real, sondern entsteht ausschließlich in unserem Kopf. Eckhart Tolle hat es in einem seiner Bücher sehr gut auf den Punkt gebracht:

„Stress entsteht dann, wenn wir an einem Punkt sind, aber an einem anderen Punkt sein möchten."

Das gilt für Orte: Denken Sie nur daran welchen Stress Sie fühlen, wenn Sie im Stau stecken und sich deshalb verspäten werden. Im Außen hat sich nichts geändert. Sie sitzen nach wie vor im Auto und stehen auf der Straße. Ein Blick auf die Uhr und Sie realisieren: Ich verspäte mich. In diesem Moment setzt Stress ein.

Das gilt aber genauso für Lebenssituationen: Sie stecken mit Ihrem Unternehmen oder Karriere fest und wissen, eigentlich müssten Sie an einem ganz anderen Punkt sein: Erfolgreicher, mehr verdienen, Mitarbeiter haben, größere Aufträge gewinnen usw. Alleine diese Gedanken verursachen Unzufriedenheit und Stress, die Sie lähmen. Manche Menschen kommen aus dieser Lähmung nicht mehr heraus und finden sich mit der Situation ab. Das ist natürlich eine Strategie, die ich aber nicht empfehle. Das Leben ist zu kurz, um sich mit etwas abzufinden, was Ihnen auf Dauer Energie raubt.

Eine andere Strategie wäre Zeit zu schaffen und Veränderungen einzuleiten, die Ihnen wieder mehr Energie geben und Aufmerksamkeit freimachen, damit Sie Ihr Berufsleben in die Hand nehmen können und strategisch planen, statt sich von den Umständen, in denen Sie stecken, bestimmen zu lassen.

Mit den bisherigen Kapiteln und Übungen haben Sie bereits Energie in Bewegung gesetzt und diesen Prozess des Ausmistens und der Klarheit in Gang gesetzt. Herzlichen Glückwunsch!

Welche Energieräuber umgeben Sie? Schalten Sie sie aus!

Mit der folgenden Liste möchte ich Ihnen noch einige Ideen geben, Energieräuber in Ihrer Arbeitsumgebung zu identifizieren, um sie dann strategisch nacheinander zu eliminieren. Eine sehr wichtige Vorgehensweise, um Ihre persönliche Energie, Vitalität und Aufmerksamkeit zu steigern. All das sind einerseits grundlegende Voraussetzungen für Sie, Ihren Erfolg zu steigern, andererseits sind das die Voraussetzungen für den nachhaltigen Einsatz von Feng Shui. Sie werden erstaunt sein, welche Veränderung Sie spüren und erleben werden, wenn Sie nach den persönlichen Übungen, Ihre Arbeitsumgebung ausmisten und dann die wichtigsten Feng Shui Maßnahmen für Erfolg und Wohlstand implementieren. Jetzt aber zu den Energieräubern in Ihrem Berufsleben.

Ich habe für Sie folgende Checkiste mit den Energieräubern erstellt, die am häufigsten vorkommen. Wenn Sie diese Liste durchgehen, werden nicht alle Punkte auf Sie zutreffen, je nachdem, ob Sie angestellt oder selbstständig sind, ob Sie in einem Großraumbüro sitzen oder in einem Einzelbüro, ob Sie viel unterwegs sind und Ihr Büro eigentlich Ihr Laptop ist. Auch hier gilt, streichen Sie weg, was nicht zutrifft und ergänzen Sie, was fehlt. Seien Sie ehrlich, diese Liste ist nur für Ihre Augen bestimmt. Ist ein Kunde oder Ihr Vorgesetzter für Sie ein Energiesauger, so schreiben Sie auch das auf.

Die Checkliste der Energieräuber	
Das Büro • Überquellende Ablage- und Bücherregale • Die Ordner sind alle unterschiedlich, das macht den Raum sehr unruhig. • Das Büro ist sehr trist. • Gerümpel ist überall verteilt. • Das Büro ist unordentlich.	✓
Unternehmenslage • Immer wiederkehrende Auftragslöcher. • Schwankender Cash Flow. • Ich habe keine Assistentin/Assistent, um Aufgaben zu delegieren. • Ich muss mich immer noch mit Kleinigkeiten beschäftigen. Habe deshalb keine Zeit an der Weiterentwicklung meines Unternehmens zu arbeiten. • Die Tatsache, dass ich nur so viel Geld verdiene, damit ich überlebe, für Extras reicht es nicht. • Ich plane keine Zeit zum Träumen ein.	
Meine Karriere • Gehalt ist zu niedrig. • Beförderung ausgeblieben. • Meine Arbeit fordert mich nicht mehr. • Ich besitze keine finanziellen Rücklagen. • Mein Arbeitsvertrag ist befristet, das macht mir Angst und lässt mich unsicher fühlen.	

Die Checkliste der Energieräuber	
Sonstiges rund um die Arbeit / Arbeitsplatz • Meine Website ist nicht „up to date“. Sie zeigt nicht, wer ich bin. • Eine Telefonleitung, die erst bei dritten Versuch so stabil ist, dass ich meinen Gesprächspartner verstehe. • Mir fehlt Platz für meine Kreativität. • Zu viele Mails verstopfen mein Postfach und lenken mich ab. • Der tägliche Umgang mit schwierigen Kunden und Beschwerden. • Meine Kollegin/ mein Kollege nervt mich mit privaten Geschichten. • Schlechte Beleuchtung am Schreibtisch • Projekte die mir keinen Spaß machen • Staub in den Regalen und am Schreibtisch. • Unterlagen auf meinem Tisch, bei denen ich nicht weiß wohin. • Zuviel Zeit verbringe ich hinter dem Bildschirm, während das Leben passiert. • Ich arbeite zu viel, weshalb ich zu wenig Zeit mit Familie und Freunden verbringe • Ich bin in meinem Büro nicht zufrieden und glücklich. • Mein Computer hängt sich ständig auf, weil er überladen ist • Mein Arbeitsplatz ist nicht auf mich eingestellt, der Tisch ist zu hoch und der Bürostuhl zu niedrig.	✓

Die Checkliste der Energieräuber	
Sonstiges im Leben • Ich schaffe es nicht, regelmäßig Sport zu machen. • Mein Schlaf ist unterbrochen und unruhig. Jeden Morgen wache ich müde und erschöpft auf. • Fehlende Disziplin und Durchhaltevermögen. • Zu viele ungelesene Zeitungen und Zeitschriften stapeln sich zuhause. • Klemmende Schubläden. • Mein Auto ist wie eine Müllhalde und müsste dringend entrümpelt und gewaschen werden. • Nicht genug Gelegenheiten, um von Herzen lauthals zu lachen.	✓

Im zweiten Schritt nehmen Sie sich drei Farbstifte: Rot, Orange und Grün. Gehen Sie diese Liste noch einmal durch und markieren Sie die Punkte, die Sie wütend machen, die Sie total nerven und Ihnen an die Substanz gehen, ROT. Diese müssen als Erste aus Ihrem Leben verschwinden. Die rot markierten Punkte müssen nicht unbedingt große Aufgaben sein. Oftmals ist es die Anhäufung vieler kleinen Dinge im Leben, die an unserer Energie zehren. Beispielsweise, dass der Computer sich regelmäßig aufhängt, weil er einfach zu voll mit Daten ist, wodurch Sie viel Zeit verlieren. Dass Ihr Schreibtisch zu niedrig eingestellt ist, was auf die Dauer Rückenschmerzen verursacht, ein zu harter Bürostuhl. Die kaputte Lampe in der Toilette. Oder der morgendliche Nervenkitzel, ob Ihr Auto anspringt. Die Tatsache, dass Sie jeden Morgen zu spät aufstehen und deshalb immer ohne Frühstück aus dem Haus gehen.

Im dritten Schritt markieren Sie mit der Farbe ORANGE die Punkte, die Ihnen auf die Nerven gehen, aber nach einem kurzen Augenrollen schon wieder vergessen sind. Beispielsweise ein unordentliches Auto, ein überquellender Ablagekorb, zu viele Mails...

Alle übrigen Punkte sind GRÜN. Soll bedeuten, dass deren Priorität niedrig ist, aber dennoch auch nicht unbemerkt bleiben. Beispielsweise, dass Ihre Büroeinrichtung nicht perfekt aufeinander abgestimmt ist und Gebrauchsspuren hat, oder Ihr Handy nicht das neueste Modell ist. Ich meine, damit können Sie leben – und indem Sie das verändern, sind Sie erst einmal Geld los, zudem werden diese Veränderungen Ihren Erfolg nicht ankurbeln.

Nun müsste Ihre Liste recht bunt ausschauen, oder? Die Farben zeigen Ihnen die Prioritäten, nach welchen Sie Ihre Energieräuber ausschalten. Diese Arbeit kann nicht innerhalb einer Woche erledigt werden. Schließlich haben sich die Energieräuber in vielen Jahren in Ihr Leben geschlichen. Nehmen Sie sich Zeit hierfür, aber bleiben Sie dran.

Auch wenn es kompliziert scheint, nichts an dieser Vorgehensweise ist außergewöhnlich schwierig. Nehmen Sie sich pro Woche drei Energieräuber vor, die Sie aus Ihrem Leben eliminieren. Auch hier ist es wichtig, dass Sie sich nicht übernehmen, ansonsten geraten Sie in Stress, verlieren die Motivation, halten nicht lange durch und bleiben stecken. Spaß, Leichtigkeit und Ihr WARUM sollten als Antriebsfaktoren immer dabei sein!

Auf den Punkt gebracht

Je mehr Energieräuber Sie eliminieren, desto leichter werden Sie vorankommen und desto besser werden Sie sich insgesamt fühlen. Das Leben ist nicht mehr schwer oder voller Probleme, sondern besteht aus Chancen und Lösungen. Es darf leicht sein und Spaß machen. Es wird Sie überraschen, wie lebensfroh, vital und energiegeladen Sie sein werden, wenn nach und nach die ganzen Energieräuber aus Ihrem Leben verschwunden sind.

Büro ohne Ballast

Obwohl im Feng Shui die Räume augenscheinlich im Vordergrund stehen, geht es vielmehr darum, dafür zu sorgen, dass die Menschen die in Räumen in denen sie arbeiten und leben mit Lebensenergie zu versorgen, damit sie vital und gesund sind. Was nützt schon der größte Erfolg, wenn Sie keine Energie und Zeit haben, diesen zu genießen und mit Ihren Liebsten zu teilen. Bevor wir uns die Möblierung im Detail anschauen, werden wir in diesem Kapitel dafür sorgen dass,

- der Ballast Ihre Büroräume verlässt,
- die Lebensenergie wieder in den Fluss kommt,
- Ihr Wohlbefinden und Ihr Erfolg steigen.

Die Räume in denen Sie arbeiten, sind weder gut noch schlecht. Sie werden zu dem was Sie aus ihnen machen. Es liegt in Ihrer Hand, ob Sie ein Umfeld gestalten, welches Sie unterstützt und Ihnen Kraft gibt, oder nicht.

> **!** Möchten Sie im Leben weiterkommen, ändern aber nichts an Ihrem Umfeld und Ihrer Umgebung, so wird der Weg der Veränderung steiler und anstrengender. Nutzen Sie also Ihre Räume, denn diese können Sie dabei unterstützen, wichtige Schritte und Veränderungen zu wagen.

Es gibt zwei Wege herauszufinden, wo in Ihren Räumen die Lebensenergie ins Stocken geraten ist. Sie können es fühlen und sehen. Am schnellsten werden Sie fühlen wo die Energie stockt, wenn Sie sich mit Ihren Räumen verbinden.

Die folgende Übung können Sie unabhängig davon machen, ob Sie einen Heimarbeitsplatz haben oder Ihnen ein ganzes Unternehmen und Bürogebäude gehört. Ihre Aufmerksamkeit dehnt sich einfach in die Räume hinein, egal wie groß oder klein sie sind.

Übung: Verbinden Sie sich mit Ihren Räumen

Besorgen Sie sich den Grundriss Ihrer Büroräume. Falls Sie keinen haben, skizzieren Sie ihn.

Nehmen Sie sich 10 Minuten Zeit und sorgen Sie dafür ungestört zu sein. Atmen Sie tief ein und schließen Ihre Augen. Öffnen Sie Ihr Herz für Ihre Arbeitsräume und verbinden Sie sich. Stellen Sie sich vor, Sie schweben durch die Räume. Lassen Sie keinen Raum und keine Ecke aus. Gehört zu Ihrem Arbeitsbereich nur ein Raum, dann fühlen Sie sich in ihn ganz genau hinein.

Sie sehen wie das Büro eingerichtet ist, wie die Unterlagen auf Ihrem Schreibtisch liegen, wie es in den Schränken aussieht... Schärfen Sie die Sinne und beobachten Sie ganz genau. Nehmen Sie wahr, ob es Bereiche in Ihrem Büro gibt, die Sie sich überhaupt nicht anschauen möchten, weil sie sich einfach nicht gut oder ungemütlich anfühlen. Dennoch, verweilen Sie an diesen Stellen und finden Sie heraus, was Sie stört. Ist es die Möblierung, Bilder, Farben, Dinge die sich hier angesammelt haben? Vielleicht ist hier ein Projekt abgelegt, welches Sie ablehnen, aber machen müssen.

Nehmen Sie andererseits auch wahr, welche Bereiche strahlend leuchten. Wo haben Sie Lust, länger zu verweilen? Warum? Was ist hier anders?

Nachdem Sie Ihren „Flug durch die Räume" abgeschlossen haben, nehmen Sie einen Grundriss und schattieren die ungemütlichen Bereiche grau. Die Bereiche, die Sie als strahlend empfunden haben, markieren Sie mit Gelb.

Vergleichen Sie nun Ihre gefühlten Ergebnisse mit dem Büro. Gehen Sie in die grau schattierten Bereiche, schauen und fühlen Sie nach. Sehen Sie Handlungsbedarf?

Ich verbinde mich gerne mit meinen Räumen, wenn ich aufräume oder sie für Seminare vorbereite. Mit Aufmerksamkeit stelle ich die Dinge an ihre Stelle, bringe immer frische Blumen mit und dekoriere jeden Raum mit Liebe und Hingabe. Bevor ich dann die Lichter ausschalte, bedanke ich mich bei meinem Büro, dass es mir den Raum gibt, mich und mein Unternehmen zu entfalten. Vor allem sehe ich wie die Räume strahlen.

Das Qi und Ihr Erfolg

Warum wird Feng Shui im Geschäftsbereich praktiziert? Im Business geht es um Kundennutzen, Ergebnisse und finanziellen Wohlstand. Mit dem Feng Shui werden Erfolg und Wohlstand in Verbindung gebracht, doch indem Sie diese alte asiatische Lehre in Ihre Geschäftsräume implementieren, sorgen Sie auch für die Gesundheit und Vitalität Ihrer Mitarbeiter. Mit Feng Shui schaffen Sie Räume voller Energie und Klarheit, welche die Menschen in Ihren Aufgaben unterstützen. Zugleich minimieren Sie Ablenkungen und unharmonische Strukturen, die sich ungünstig auf Sie und Ihre Mitarbeiter auswirken.

In Asien werden nicht nur Büros und Bürogebäude nach Feng Shui Richtlinien gebaut und eingerichtet, sondern ganze Städte werden nach diesen Gesetzmäßigkeiten ausgerichtet.

Der optimale Qi Fluss ist das Fundament für erfolgreiche und vitale Geschäftsräume. Es gibt insgesamt drei verschiedene Qi Arten:

- das stockende,
- das schießende und
- das harmonisch fließende Qi.

Auf den Punkt gebracht

Das Qi ist leicht und fröhlich wie ein kleines Kind. Es ist neugierig und möchte überall hinfließen. Sehr gerne aber fließt es auf dem schnellsten Weg wieder nach draußen, wenn es in den Räumen nichts gibt, was seine Aufmerksamkeit erregt. Dunkle und vollgestellte Räume meidet es komplett.

Das stagnierende Ssu-Qi

Bei dieser Qi Form handelt es sich um stagnierendes Qi, welches kaum noch in Bewegung ist. Gerümpel in den Räumen ist die Hauptursache hierfür. Ein anderer Grund der stagnierendes Qi verursachen kann ist, wenn Sie Ihre Räume ablehnen oder viel Streit in Ihnen ausgetragen wird.

Beherrscht diese Qi Form die Räume, so kann sich ein Stillstand in Ihrem Berufsleben abzeichnen, Sie können sich in Ihren Büroräumen träge und müde fühlen.

Damit das Qi wieder in den Fluss gebracht wird, steht an erster Stelle das Entrümpeln und Ausmisten, damit wieder Raum entsteht. Dann bringen Sie, wie in den vorherigen Kapiteln beschrieben, mit Ihrer Aufmerksamkeit und Verbindung zu den Räumen den Qi Fluss wieder in Schwung.

Das schießende Sha-Qi

Dieses Qi wird von langen Fluren, Tür-Fenster-Linien, sowie Wandvorsprüngen hervorgerufen. Diese beschleunigen das Qi, so dass es beschleunigt und wie ein Pfeil auf den Menschen trifft.

Sitzen Sie in dieser „Schusslinie", kann es sein, dass Sie sich wie „durch den Wind fühlen" und es Ihnen schwer fällt sich länger zu konzentrieren. Auf Dauer verursacht diese Qi Energie Unruhe und Anspannung im Raum und somit auch beim Menschen. Siehe Abb. 3.

Die Maßnahmen die Sie treffen können, ist auf der einen Seite natürlich aus der Schusslinie zu gehen und andererseits das Qi zu verlangsamen, indem Sie mit Farben, Bildern, Pflanzen oder Licht das Qi ablenken und in einen schlängelnden Fluss bringen.

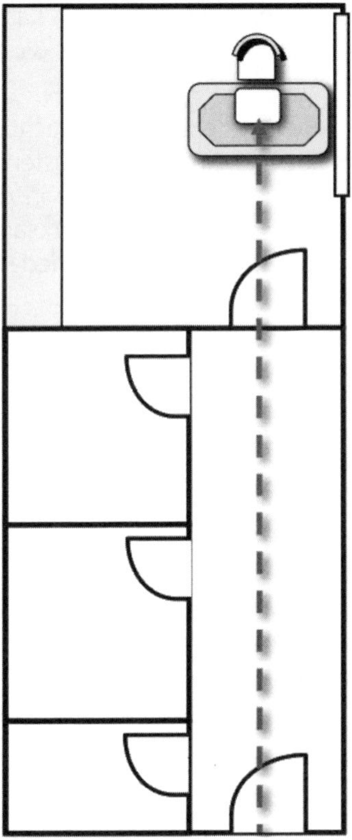

Abbildung 3: Angreifender Qi Fluss

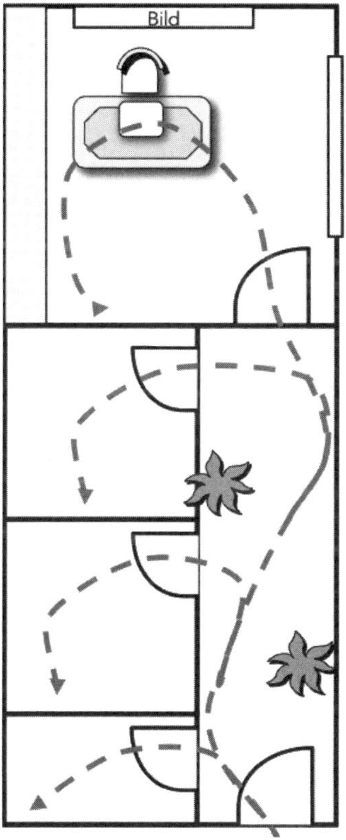

Abbildung 4: Abhilfemaßnahmen für angreifenden Qi Fluss

Das harmonische Sheng – Qi

Diesen harmonischen Qi Fluss in den Räumen zu haben, ist das grundlegende Ziel des Feng Shui. Durch die Aufteilung der Möblierung, den Einsatz von Farben, Bildern, Wasserspielen und Pflanzen wird das Qi gelenkt und angezogen, damit die Räume vollständig, bis in den letzten Winkel, mit Lebensenergie versorgt werden.

Zusammenfassend kann gesagt werden, dass nachdem das stagnierende und das angreifende Qi harmonisiert wurde, sich ein harmonischer Fluss automatisch einstellt. Deshalb werden wir uns erst dem Gerümpel und Ballast in Ihren Büroräumen und auf Ihrem Arbeitsplatz widmen, um stagnierendes Qi in Bewegung zu bringen. Im zweiten Schritt wird sie durch entsprechende Feng Shui Maßnahmen der Fluss optimiert.

Auf den Punkt gebracht

Das Qi ist die wichtigste Größe im Feng Shui, nicht umsonst bedeutet es in der Übersetzung „die Lebensenergie". Unsere Räume tragen und beeinflussen unser Leben, unsere Gesundheit und unseren Erfolg. Stagniert die Lebensenergie in den Räumen, stagniert auch unser Leben. Das Qi bringt Vitalität, Klarheit und Gesundheit, was uns wiederum befähigt, erfolgreich zu sein, wenn wir unsere Ziele kennen und wissen, was wir wollen.

Machen Sie sich FREI

Sie haben so viel persönliche Vorarbeit geleistet: Analysiert, beobachtet, aufgeschrieben. Sie müssten jetzt ziemlich genau wissen, wo Sie sich selbst im Weg stehen, weil Ihre Aufmerksamkeit mit zu vielen Gedanken gebunden ist und wo verstopft Ballast den Qi Fluss in den Räumen und in Ihrem Leben? Dieses Kapitel ist ein Schlüsselkapitel. Wenn Sie es nur lesen, dann werden die großen Bewegungen und Veränderungen ausbleiben. Das Ausmisten ist die Grundlage des Feng Shui. Es ist das Fundament. Nehmen Sie sich deshalb Zeit und gehen Sie dem Gerümpel an den Kragen.

Warum ist es wichtig, weniger zu haben?

Meine Feng Shui Beratungen bestehen immer aus zwei Terminen. Dabei findet der erste Termin immer beim Kunden statt. Merke ich, dass sich in den Büroräumen zu viel angesammelt hat, bekommen sie die Hausaufgabe auszumisten und diese sollten sie vor dem nächsten Termin erledigt haben. Eine Feng Shui Beratung die nur auf dem Papier existiert, oder in Räumen umgesetzt wird in denen das Qi stagniert, ist nicht sinnvoll. Wenn die Kunden nicht bereit sind, das Gerümpel zu bewegen, dann empfehle ich Ihnen, das Geld für die Beratung zu sparen.

> Warum ist es wichtig, „weniger" zu haben? Stellen Sie sich vor, Sie sind mit allen Gegenständen, die Sie besitzen, mit dünnen roten Fäden verbunden. Je dichter die Fäden sind, desto unbeweglicher werden Sie.

!

Es gibt eine Übung, die ich sehr gerne mit meinen Kunden mache. Sie hilft ihnen schnell und einfach festzustellen, ob sie „zu viel" in Ihren Räumen haben.

Übung: Sie ziehen um!

Stellen Sie sich vor, Sie können in ein schöneres, größeres, helleres Büro ziehen. Dieser Raum hat alles, was Sie sich jemals gewünscht haben. Der einzige Haken an der Sache ist, dass Sie innerhalb weniger Stunden (wenn es sich um einen Büro- oder Arbeitsplatzwechsel innerhalb eines Unternehmens handelt) bzw. innerhalb zwei Wochen (wenn es sich um ein ganzes Büro handelt) umziehen. Würden Sie es schaffen, Ihre wichtigsten persönlichen Dinge in diesem kurzen Zeitraum einzupacken, um Ihrem Nachfolger ein leeres Büro hinterlassen zu können? Sollten Sie jetzt Stress fühlen, dann haben Sie möglicherweise zu viel im Büro herumliegen. Folgende Überlegungen wären dann für Sie unterstützend:

- *Gibt es Unterlagen, die Sie digital ablegen könnten?*
- *Benötigen Sie alle Unterlagen, die Sie im Büro lagern?*
- *Haben Sie im Büro Sachen, die Sie nicht benötigen oder die nicht Ihnen gehören?*
- *Wäre ein so schneller Umzug erstrebenswert für Sie?*

Natürlich gibt es Berufe, die es erfordern, der Aktenablage viel Platz einzuräumen wie beispielsweise Steuerberater oder Rechtsanwälte, die Akten und Originale in Papierform aufbewahren müssen. Wenn ich Beratungen bei diesen Berufsgruppen mache, stelle ich immer wieder fest, wie professionell die Ablage aufgebaut ist. Hier handelt es sich keinesfalls um Gerümpel, sondern um ein durchdachtes und sehr gut sortiertes Archiv. Das Interessante ist, dass andere

Berufsgruppen kaum auf die Idee kommen, ein Archiv im Keller zu organisieren, um dort abgeschlossene Projekte und Vorgänge zu lagern. Vielleicht wäre das auch eine gute Lösung für Sie?

Das andere Extrem zu den überfüllten Büros sind die flexiblen Bürokonzepte. Morgens holen Sie sich Ihren Rollcontainer mit den wichtigsten Arbeitsunterlagen und werden jedes Mal aufs Neue mit einem neuen Arbeitsplatz überrascht. Durch den begrenzten Platz im Rollcontainer werden Sie gezwungen minimalistisch zu arbeiten. Das ist auch ein extremes Konzept, welches aus Feng Shui Sicht nicht wirklich ideal ist, denn Sie haben keine Basis, keinen Ort an dem sie „Wurzeln schlagen" können, keine Homebase.

Was ist dann ideal? Nun, bekannterweise befindet sich das Ideal immer zwischen den Extremen.

In einem idealen Büro, beziehungsweise auf einem idealen Arbeitsplatz befinden sich Gegenstände, die Sie für Ihre Arbeit benötigen und die Sie persönlich mögen. Es ist ein Raum, in dem Sie sich gerne aufhalten und Ihre Aufmerksamkeit durch Gerümpel nicht abgezogen wird. Kurz gesagt, Sie sind voll bei der Sache!

Meistens ist es jedoch so, dass sich im Büro und am Arbeitsplatz unnötiges Gerümpel einschleicht und dessen Menge stetig zunimmt. Diesem Gerümpel widmen wir uns in diesem Kapitel mit dem Ziel, Ihren idealen Arbeitsplatz zu schaffen.

Was ist Gerümpel überhaupt?

Sie sind sich im Klaren darüber, warum Sie ausmisten möchten. Nun ist es an der Zeit herauszufinden, WAS in die Kategorie „Gerümpel und Ballast" fällt. Was kann, soll und muss weg? Es gibt keine allgemeingültige Definition für Gerümpel, weil Menschen dazu neigen, Gegenstände emotional aufzuladen, was den Prozess des Ausmistens erschwert.

> ### *Welchen Wert kann eine Kugelschreibersammlung haben?*
>
> *Was für den einen einfach nur ein Kugelschreiber ist, ist für den anderen die Erinnerung an einen wunderbaren Moment. Diese Erfahrung machte ich bei einer Beratung, als ich die Assistentin der Geschäftsführung fragte, warum sie in ihrer Schublade 20 verschiedene Kugelschreiber beherbergte, von denen nur noch die Hälfte wirklich funktionierte. Sie meinte, dass sie sich zur Gewohnheit gemacht hat aus jedem Hotel, in dem sie gewesen ist einen mitzunehmen. Sammlungen sind eine schwierige Angelegenheit, sie sind nur schwer wieder aufzulösen, weil die Gegenstände mit Emotionen beladen sind – oder wie sonst lässt es sich erklären, dass es so unglaublich schwer fällt nicht funktionierende Kugelschreiber im Gesamtwert von 5 € auszusortieren?*

Um Ihnen die Entscheidung zu erleichtern, was weg kann, soll, muss und darf, habe ich sechs Kategorien für Sie zusammengefasst, die Sie dabei unterstützen werden, das Gerümpel im Büro zu identifizieren.

Die sechs Gerümpel-Kategorien sind:

- Was verwenden Sie nicht?
- Was brauchen Sie nicht?
- Was lieben Sie nicht?

- Was gehört Ihnen nicht?
  Wenn Sie etwas beherbergen, das Ihnen nicht gehört, bringen Sie es zurück!

- Was ist kaputt und kann repariert werden?
  Klemmende Schubladen, schiefe Schranktüren, quietschende Türen, bis hin zum Kugelschreiber, der auch nach dem Anhauchen (woher kommt das eigentlich?) nicht mehr schreibt. Alles, was sich nicht reparieren lässt, wandert in den Müll.

- Verschenken und Spenden!?
  Viele meiner Kunden möchten funktionierende Gegenstände, die sie nicht mehr brauchen, nicht wegwerfen. Das ist völlig verständlich. Meistens fehlt, gerade bei Geschäftskunden die Zeit, Kleinigkeiten für wenig Geld auf dem Flohmarkt oder im Internet zu verkaufen. Hier bietet sich das Verschenken bzw. Spenden an. Alles in eine Kiste und ab zum Wertstoffhof. In der Nähe meines Büros in München hat sich eine kleine Tauschbörse neben einem Hauseingang etabliert. Das funktioniert großartig. Dort bin ich sehr viele Dinge losgeworden, mit dem Wissen, dass sie jemand mitgenommen hat, der sie wirklich braucht. Halten Sie Ausschau, vielleicht gibt in Ihrer Nähe etwas Ähnliches.

Auf den Punkt gebracht

Gerümpel ist nicht gleich Müll. Das ist eine wichtige Unterscheidung. Müll wird üblicherweise gleich wergge-worfen. Das ist klar. Wer würde schon auf die Idee kommen einen kaputten Ordner, oder Locher, oder eine alte Umverpackung aufzubewahren? Bei Gerümpel hingegen ist das längst nicht so offensichtlich. Es schleicht sich in die Büroräume ein und beansprucht dort wie selbstverständlich, dauerhaft Raum. Warten Sie nicht darauf, dass irgendwann der richtige Zeitpunkt kommen wird, um den Ballast aus Ihren Räumen zu entfernen. Entscheiden Sie dass er da ist und legen Sie los.

Brauche ich diesen Gegenstand WIRKLICH?

Diese Frage sollte Ihr neuer bester Freund werden. Nicht nur beim Ausmisten, sondern schon beim Einkaufen. Brauchen Sie wirklich den fünften Block, die dritte Packung der kleinen gelben Notizblöckchen, die sich in die Kiste zu den unzähligen anderen gesellen? Lernen Sie, das Sonderangebot Ihres Büromateriallieferanten freundlich abzulehnen.

Vertrauen Sie darauf, dass Sie die Energie die Sie für die Verwirklichung Ihrer Träume benötigen, bereits in sich tragen. Sie schlummert und wartet darauf, geweckt und gelebt zu werden. Entdecken Sie diese Kraft! Es lohnt sich. Häufig kaufen wir dann auch automatisch weniger, weil wir keinen gefühlten Mangel mehr kompensieren müssen. Wie ist es bei Ihnen? Kaufen Sie, weil es Ihnen Spaß macht, und auch nur die Dinge, die Sie wirklich wollen? Indem Sie das Kaufverhalten ändern, sparen Sie Geld, Zeit und jede Menge Gerümpel in Ihren Arbeitsräumen.

Die alles entscheidende Frage **„Brauche ich das wirklich?"** ist eine, die Sie durch den gesamten Prozess des Ausmistens begleiten wird. Folgend einige Beispiele für Dinge, die so selbstverständlich in Ihrem Berufsleben sind, dass es gar nicht so einfach ist sie als Gerümpel zu identifizieren und ersatzlos zu streichen.

- **Informationen aus Zeitungen, Zeitschriften, alten Studienunterlagen**, dem Internet. Informationen auf Papier zu haben, gibt uns das Gefühl von Sicherheit. „Wenn ich mal die Information brauche, dann habe ich sie schwarz auf weiß." Hier geht es nicht nur um einzelne Blätter die sich in Ordnern häufen sondern auch um die Fachliteratur und Zeitungen die wöchentlich und täglich in Ihr Büro flattern. Machen Sie sich bitte klar, dass in der heutigen digitalen Welt alle möglichen Informationen nur einen Mausklick von Ihnen entfernt sind. Vielleicht wäre jetzt der richtige Zeitpunkt die Abos zu kündigen, um die Papierflut zu reduzieren.
- **Fehlkäufe** kommen im Geschäftsbereich sehr häufig bei Büchern vor. Der Titel klingt interessant, das Cover ist auch nett gestaltet und aus einem Impuls heraus nehmen Sie das Fachbuch mit. Dann beginnen Sie zu lesen und stellen fest, das Buch ist nicht das was Sie erwartet haben und brauchen. So und nun? Vielleicht können Sie es noch umtauschen oder zurückgeben und wenn nicht? Bitte lagern Sie es nicht ein nur weil es viel gekostet hat. Geben Sie es weiter und machen Sie jemandem eine Freude.

- Das **Büromaterial** ist mir ein besonders großes Anliegen. Da ich immer wieder erstaunt bin, wie viel hier gehamstert wird! Notizblöcke in allen möglichen Größen und Farben, Stifte, Klarsichthüllen, Briefumschläge, Notizblöcke, Büroklammern … Wir leben nicht am Nordpol wo die Lieferung mehrere Monate dauern könnte. In der Regel bekommen Sie alles was Sie brauchen innerhalb weniger Tage vor die Haustüre geliefert. Sie brauchen kein Büromateriallager in Ihrem Büro bzw. Arbeitsplatz.
- Typische Dinge die in Büros aufbewahrt, obwohl sie nicht gebraucht werden, wären beispielsweise:
  - Einzelne Artikel aus Zeitungen, die Sie so interessant fanden.
  - Paketkartons, die Sie aufbewahren, für den Fall der Fälle, wenn Sie in Zukunft ein Paket verschicken sollten.
  - Geschenke, die Sie Ihren Kunden zuliebe aufheben.
  - Dinge, die Sie aus Pflichtgefühl behalten.

Lassen Sie all das los und noch viel mehr. Mit dieser kurzen Aufzählung möchte ich Ihnen eine Idee geben, in welche Richtung Sie denken und arbeiten könnten. Doch auf eine besondere Form von Gerümpel möchte ich noch auf jeden Fall detailliert eingehen.

Virtuelles Gerümpel …

… ist eindeutig auf dem Vormarsch! Je nachdem welche Philosophie Sie im Unternehmen leben, entscheidet darüber, wie ausgeprägt die virtuelle Ablage ist. Während früher unzählige Ordner die Regale füllten, benötigen wir heute

Räume für die Server der Bürocomputer. Virtuelles Gerümpel können Sie nicht täglich sehen und auch nicht anfassen. Vielleicht sparen Sie sich dadurch ein großes physisches Ablagesystem, einiges an Papier, jede Menge Ordner und Büroschränke, doch auch virtuelles Gerümpel braucht Platz, Zeit, Aufmerksamkeit und letztendlich auch Geld.

Nehmen wir einfach einmal Ihr E-Mail-Postfach. Schauen Sie einmal rein. Wie viele Mails haben Sie in Ihrem Posteingang? 1.000, 2.000 oder gar mehr? Wie viele sind es im Postausgang? Haben sich erst einmal so viele Mails angesammelt, traut man sich erst gar nicht an die Sortierung ran. Es ist uferlos! Wo sollen Sie beginnen? Wann haben Sie zum letzten Mal die gesendeten Mails oder den Papierkorb gelöscht?

Ich möchte Ihnen diese Entscheidung erleichtern und habe einen **5-Schritte-Plan** für Sie entwickelt:

1. Bevor Sie mit der Sortierung beginnen, vermindern Sie den Zufluss an neuen Mails. Am einfachsten ist es, Sie bestellen alle Newsletter ab, die Sie nicht interessieren oder die Sie nicht lesen. Wenn Sie alleine durch diese Maßnahme 10 Mails pro Tag weniger erhalten ist das ein großer Fortschritt. Rechnen Sie das mal hoch! Das sind pro Woche 70, pro Monat 310 und im Jahr über 3.500 Mails!

2. Löschen Sie alle Mails, die älter sind als ein Jahr. Sowohl im Postein-, als auch im Postausgang.

3. Schreiben Sie weniger Mails! Wenn Sie die von Ihnen ausgehende Mailmenge reduzieren, vermindern Sie auch den Posteingang! Überlegen Sie sich vor jeder Mail gut, ob sie wirklich notwendig ist.

4. Löschen Sie Mails, die nur eine kurze Info oder keine Info beinhalten, sofort nach dem Lesen.
5. Empfangen Sie Ihre Mails auf einem, maximal zwei Geräten, also Computer und Handy. Es ist nicht notwendig auf jedem Endgerät das Mailpostfach einzurichten.

Ausmisten ist die wichtigste Grundlage auf dem Weg zum Erfolg. Sie werden sich freier, ruhiger und ausgeglichener fühlen, und die in den kommenden Kapiteln vorgestellten Feng-Shui-Maßnahmen können ihre Wirkung nachhaltig entfalten. Wenn Sie sich jetzt dazu entscheiden, aktiv zu handeln, steht der Verwirklichung Ihrer Arbeits(t)räume nichts mehr im Wege.

Strategien für das Entrümpeln

Wir haben uns mit Ihrem WARUM ausführlich beschäftigt und Sie haben sich im Detail aufgeschrieben, WARUM es Ihnen wichtig ist, diesen Veränderungsprozess einzuleiten. WAS Gerümpel sein könnte, habe ich Ihnen auf den letzten Seiten aufgezeigt und bin mir sicher, dass Sie ein ziemlich klares Bild haben, was raus muss.

Jetzt geht es um die Strategie WIE Sie am besten beim Ausmisten vorgehen. Hier sind Sie, meine goldenen „Weg-damit!"-Regeln.

Die goldenen „Weg-damit!"-Regeln	
Regel 1: Übernehmen Sie sich nicht! Nehmen Sie sich vor lauter Tatendrang nicht zu viel vor! Beginnen Sie mit einer überschaubaren Aufgabe, beispielsweise der Stifteschublade oder mit dem Schreibtisch. Sorgen Sie auf jeden Fall dafür, dass Sie nach jeder Aktion einen Erfolg sehen, das hält Ihre Motivation oben.	✓
Regel 2: Halten Sie das Ausmisten einfach! Machen Sie keine große Sache aus dem Ausmisten und fügen Sie es einfach in den Alltag hinein. Sie haben zwischen Terminen unerwartet 10 Minuten Zeit? Nutzen Sie diese, um in einem kleinen Bereich Klarheit zu schaffen.	
Regel 3: Achten Sie darauf, was in Ihre Arbeitsräume kommt! In die Räume und das Leben Klarheit zu bringen, hat immer zwei Seiten. Auf der einen Seite steht das Ausmisten und auf der anderen den Zufluss an Dingen zu vermindern. Damit Sie dauerhaft gerümpelfrei bleiben, ist es wichtig an beiden Seiten zu arbeiten. Deshalb, achten Sie genau darauf, was Sie in Ihre Räume bringen. Planen Sie eine Neuanschaffung? Egal wie groß oder klein diese ist, überlegen Sie BEVOR Sie kaufen: Brauche ich das wirklich?	
Regel 4: Bleiben Sie dran! Das Ausmisten ist keine einmalige Aktion, sondern ein Prozess von vielen kleinen Schritten. Die ersten Schritte sind immer die, die am meisten Energie brauchen, wenn Sie dann im Prozess sind, wird Ihnen das Ausmisten nicht mehr auffallen, weil es eine Gewohnheit und vielleicht sogar zur Lebensphilosophie geworden ist.	

Die Ausmistaktion kann starten!

Es kann sein, dass Sie als ersten Impuls die Notwendigkeit einer konzentrierten Ausmistaktion spüren und mit kleinen Schritten weitermachen. Warum nicht!? Allerdings ist es in diesem Fall hilfreich zu planen. Ihr Tatendrang ist eine großartige Ausgangsposition, doch die Kunst ist es, diesen bis zum Ende aufrechtzuerhalten. Um die Ausmistaktion vorzubereiten, habe ich einige Schritte für Sie zusammengefasst, die aus meiner Erfahrung sehr gut funktionieren. Aber auch hier gilt: Fühlen Sie sich frei die Vorgehensweise an Ihre Wünsche und Bedürfnisse anzupassen.

Die 8 Schritte für eine erfolgreiche Ausmistaktion	
Schritt 1: Setzen Sie den Termin, wann die Aktion stattfinden soll. Tragen Sie den Termin in Ihren Kalender ein und verteidigen Sie ihn mit Herzblut.	✓
Schritt 2: Besorgen Sie motivierende Musik. Musik bewegt Menschen, dass ist kein Geheimnis. Trifft das auch auf Sie zu, dann sollten Sie unbedingt dafür sorgen, Musik parat zu haben. Sollten Sie diese nicht laut abspielen können, nutzen Sie Kopfhörer.	
Schritt 3: Sorgen Sie für Ihr leibliches Wohl. Haben Sie Essen und Trinken parat. Es wäre ungünstig, das Ausmisten zu unterbrechen, um zu essen. Es würde Ihnen sehr schwer fallen wieder in die Energie des Ausmistens zu kommen.	

Die 8 Schritte für eine erfolgreiche Ausmistaktion	
Schritt 4: Brauchen Sie Gesellschaft? Arbeiten Sie lieber alleine oder in Gesellschaft? Fragen Sie eine Freundin oder einen Freund, ob sie/er Lust hätte, Ihnen Gesellschaft zu leisten und mit anzupacken. WICHTIG! Diese Person sollte positiv sein und Ihr Vorhaben unterstützen und keine Zweifel verbreiten.	
Schritt 5: Die Logistik! Besorgen Sie ausreichend Kartons und Müllsäcke. Ausmisten bedeutet, dass Dinge Ihre Räume verlassen werden, also brauchen Sie Kartons und Säcke um alles zu transportieren, ob zum Spenden, für den Wertstoffhof, zum Müll, um zu spenden usw.	
Schritt 6: Schließen Sie Ihre Arbeit ab. Lassen Sie nichts für später übrig. Bringen Sie die Kisten zur finalen Destination, den Müll raus, oder zum Zwischenlager in den Keller. Wichtig ist, dass die Aktion abgeschlossen ist und keine Häufchen zurückbleiben, die Ihnen bei der täglichen Arbeit im Weg stehen.	
Schritt 7: Erkennen Sie sich für Ihre Arbeit an. Egal ob Sie alles geschafft haben was Sie sich vorgenommen haben, oder nicht – Sie haben eine Anerkennung verdient. Klopfen Sie sich auf die Schulter, schauen Sie in den Spiegel und sagen Sie: „Ich möchte mich dafür anerkennen, dass ich heute .... geschafft/gemacht habe!" Diese Anerkennung führt mich auch gleich zum letzten Schritt …	

Die 8 Schritte für eine erfolgreiche Ausmistaktion	
Schritt 8: Feiern Sie Ihren Erfolg! Richten Sie den Fokus auf alles was Sie geschafft haben und feiern Sie ihren Erfolg! Lehnen Sie sich in Ihren Bürostuhl und genießen Sie Ihr „neues" Büro oder den „neuen" Arbeitsplatz. Feiern Sie, dass Sie entschlossen und gewillt waren diesen Weg zu gehen und dafür zu sorgen, in Ihren „neuen" Arbeitsräumen zu sitzen.	

Auch wenn es für die einen oder anderen ein längerer Weg war, aber Sie haben die perfekte Grundlage geschaffen, um die wichtigsten Feng Shui Erfolgsprinzipien in Ihren Arbeitsräume zu implementieren.

Bleiben Sie gerümpelfrei

Möchten Sie Gerümpel dauerhaft aus Ihrem Leben verbannen, reicht es nicht nur regelmäßig auszumisten. Es führt kein Weg daran vorbei, den Zufluss an Dingen und Informationen zu stoppen. Andererseits werden Sie in einem nie endenden Ausmistmarathon festsitzen und das ist auf Dauer nicht das Ziel, vor allem aber raubt es die Motivation.

Nachdem Sie nun den ersten großen Schritt gemacht haben und die Erste grundlegende Ausmistaktion hinter sich gebracht haben, sollten Sie über den Status Quo Ihrer Räume glücklich sein und sich inspiriert fühlen. Möchten Sie diesen Zustand bewahren? Wenn ja, dann ist es wichtig, dass Sie sich klar darüber werden, was Sie in Ihre Räume lassen. Es ist nun an der Zeit wieder Ihr Notizbuch zur Hand zu nehmen und aufzuschreiben:

Was darf in die neuen Arbeitsräume?

- *Gegenstände die ich wirklich brauche.*
- *Dinge die mich ansprechen und schön sind.*
- *Alles was in meinem Büro steht, hat seine Berechtigung.*
- *Dinge die mein Büro persönlich und schön machen.*
- *Nur die aktuellen Ausgaben der Zeitungen und Zeitschriften sind im Büro.*
- *Das gleiche gilt für die virtuelle Ablage und das Mailpostfach.*

Auf den Punkt gebracht

Arbeiten ohne Ballast ist kein Kunststück. Es erfordert ein beherztes Eingreifen beim ersten Schritt und etwas Übung und Disziplin. Sehen Sie es wie ein Ausdauer- oder Muskeltraining: je konsequenter Sie trainieren, desto schneller sehen Sie Erfolge und sie tun sich immer leichter. Arbeiten ohne Ballast ist ein Training und Sie gewinnen auf der ganzen Linie im Geschäfts- genauso wie im Privatleben.

Feng Shui im Büro

Sie verbringen gut zwei Drittel Ihres Lebens mit Arbeiten. Unabhängig davon, wo sich der Arbeitsplatz befindet, brauchen Sie Energie, Kraft und Klarheit, damit das, was Sie tun, Sie oder das Unternehmen, für das Sie arbeiten, voranbringt. Sie werden viel verlieren, wenn Sie in der Freizeit Ihre persönliche Energie aufbauen, um diese während der Arbeitszeit aufzubrauchen.

Der Arbeitsplatz ohne Ruhe

Während eines Coachings in einem mittelständischen Unternehmen im Dienstleistungsbereich brach die Assistentin der Geschäftsführung vor Ihrem Chef in Tränen aus, als wir darüber sprachen wie unsinnig es ist, dass sich die Mitarbeiter in ihrer Freizeit darum kümmern müssen, ihre Energie, die sie in der Arbeit verloren haben, wieder aufzuladen. Sie erzählte, dass sie sehr gerne für das Unternehmen arbeite und ihr Herzblut hineinstecke. Doch am Arbeitsplatz fühlte sie sich kontinuierlich erschöpft, müde und gestresst. Dazu muss ich sagen, dass das Büro auch als Lager genutzt wurde, es war ein Durchgangszimmer. Zudem war der Schreibtisch sehr klein bemessen. All das machte ihr zu schaffen. Sie hatte die Nase voll, ihre Freizeit dafür zu nutzen, Energie zu tanken, um sie im Büro wieder zu verlieren. Der Inhaber des Unternehmens war über den Ausbruch erstaunt, weil er in keinster Weise bemerkt hatte, wie es seiner engsten Mitarbeiterin ging.

So wie dieser Dame geht es vielen Mitarbeitern. Während Sie darum kämpfen, alles am Laufen und im Gleichgewicht zu halten, während die Geschäftsführer oder Inhaber überhaupt nicht merken was sich abspielt. Wie sollten sie auch, schließlich sind sie damit beschäftigt ein Unternehmen zu führen.

Die heutigen Büros sind genormt und von Büroeinrichtern effizient und ergonomisch durchgeplant. Oft aber fehlt die Seele. Wo bleibt der Mensch, der in diesen Räumen täglich arbeitet? Er ist der wichtigste Faktor in unserer Wirtschaft, der keinesfalls vergessen werden darf. Sie müssen jetzt nicht in Panik verfallen, wenn Sie ein solch genormtes Büro bewohnen. Es gibt Möglichkeiten, die Arbeitsumgebung mit einigen Handgriffen positiv zu verändern.

Die drei wichtigsten Feng Shui Prinzipien für Ihren Erfolg

Auf den folgenden Seiten werde ich Ihnen die drei wichtigsten Feng Shui Prinzipien verraten und aufzeigen, wie Sie diese einfach und schnell in Ihr Büro bzw. auf Ihrem Arbeitsplatz einfügen können. Hier schon mal ein kleiner Überblick:

- Das Qi muss im Fluss sein und die Räume vollständig durchfließen können.
- „What you see is what you get" – was Sie sehen bekommen Sie! Ein Prinzip, welches schon fast eine Lebensphilosophie geworden ist.
- Schütze den Rücken! Der schwächste Punkt ist der, an dem wir keine Kontrolle haben. Das was wir nicht sehen verunsichert und bindet Aufmerksamkeit.

Das Qi und Ihr Wohlstand

Qi bedeutet übersetzt Lebensenergie und Energie will fließen. Allerdings ist es eine Kunst den Qi Fluss zu optimieren. Das Ziel ist, das Qi in eine sanft fließende Bewegung zu bringen. Fließt es zu schnell aus den Räumen hinaus, fühlen Sie sich möglicherweise schneller gestresst und können den Wohlstand und Erfolg nur halten, wenn Sie stetig das Tempo erhöhen. Ich bezweifle, dass das Ihr langfristiges Ziel ist.

Wenn es andererseits zu langsam fließt, weil es durch Gerümpel aufgehalten wird, könnte Ihnen Ihr Berufsleben wie ein Slow Motion Film vorkommen. Alles ist zäh und langsam, was bei Ihnen persönlich auch zu Trägheit führen kann. Der Tatendrang und die Leidenschaft verringern sich natürlicherweise, wenn Sie tagein tagaus gegen die langsam fließende Energie in den Räumen ankämpfen müssen.

Also, was können Sie dagegen tun? In erster Linie gilt es zu erkennen: Wie fließt das Qi? Werden die Arbeitsräume vollständig vom Qi durchflutet, oder verlässt es auf direktem Wege die Räume wieder. Vielleicht ist dem Qi der Weg durch die Räume versperrt, weil es dort zu viele Dinge gibt. Wenn Sie sich nicht ganz klar sind, welche Qualität das Qi in Ihren Räumen hat, machen Sie folgende Übung und Sie werden Klarheit bekommen. Wie im Beruf bestimmen Sie auch im Feng Shui den aktuellen Status Quo, bevor Sie Maßnahmen planen.

Der Qi Fluss in den Räumen

Nehmen Sie den Grundriss Ihrer Büroräume und einen Bleistift zur Hand. Machen Sie es sich gemütlich und schließen Sie die Augen. Stellen Sie sich vor, Sie wären ein Schmetter-

ling, der durch die Räume fliegt. Leicht, verspielt und neugierig. Er fliegt in die Bereiche, die ihn neugierig machen und macht einen großen Bogen um dunkle, verrümpelte Ecken und wenn ihn nichts anzieht, fliegt er auf dem schnellsten Wege wieder nach draußen. Nehmen Sie alle Bereiche Ihrer Räume wahr. Welcher Raum hat sich gut bzw. ungut angefühlt? Wo spürten Sie Leichtigkeit und Spaß und wo Schwere und Unbehagen?

Nachdem Sie Ihren Flug beendet haben, wenden Sie sich dem Plan zu und schattieren bitte alle Bereiche im Grundriss grau, die sich für Sie nicht gut angefühlt haben, egal aus welchem Grund. Es ist nicht an der Zeit Erklärungen und Rechtfertigungen zu suchen. Die Kraft liegt im TUN.

Im letzten Schritt versuchen Sie Ursache und Wirkung zu verknüpfen. Sie sind beispielsweise nicht gerne in das Besprechungszimmer geflogen? Warum? Was es Ihnen zu grau, unpersönlich oder vielleicht mit unangenehmen Erfahrungen verbunden? Konnten Sie kaum in Ihr Büro fliegen, weil sich die Türe nicht öffnen ließ, wegen dem Gerümpel welches dahinter lagert? Gab es vielleicht auch einen Raum, den Sie gar nicht richtig wahrgenommen haben, weil Sie ihn durch das Fenster direkt verlassen haben? Wie fühlten Sie sich am Arbeitsplatz? Freuten Sie sich ihn zu sehen, oder haben Sie geschaut, wie Sie den Platz so schnell wie möglich wieder verlassen? Warum?

Diese grauen Bereiche sind Ihre ersten To Do's. Räumen Sie auf, strukturieren Sie neu, bringen Sie Lebendigkeit durch Farben, Bilder und Pflanzen in Ihre Räume, damit die Lebensenergie hier gerne länger verweilt und Ihnen Vitalität und Erfolg bringen kann.

Besondere Aufmerksamkeit sollte immer der Eingangsbereich Ihrer Arbeitsräume haben. Die Türe zu Ihrem Büro ist der Mund. Lässt er sich kaum oder nur zur Hälfte öffnen, so steht Ihnen von Beginn an nur die Hälfte der möglichen Energie zur Verfügung. Sorgen Sie an erster Stelle dafür, dass Ihre Räume richtig einatmen können und Sie haben einen wesentlichen Schritt für mehr Erfolg gemacht.

Öffnen Sie Ihr Blickfeld für Gelegenheiten

„Was Sie sehen, bekommen Sie" ist ein grundlegendes und uraltes Feng Shui Prinzip, welches mit dem Visionboard und der Visualisierung den Einritt in die Persönlichkeitsentwicklung geschafft hat. Von einem anderen Blickwinkel betrachtet, ist dieses Feng Shui Prinzip die Verbindung zum modernen Businesscoaching, dessen wichtiger Teil die Zukunfts- und Zielplanung ist. Der aktuellen Feng Shui Literatur ist dieses Prinzip leider verloren gegangen. Jetzt ist es höchste Zeit, diese Power zurück in das Leben und die Arbeitsräume zu bringen. Denn dieses Feng Shui Prinzip hat einen sehr engen Bezug zu Ihrer Zukunft.

Während ein guter und ausgeglichener Qi-Fluss für den Erfolg und den Wohlstand stehen, ist der Ausblick, den Sie von Ihrem Büro oder Arbeitsplatz haben, entscheidend für Ihren Erfolg und Ihre Zukunft. Sollten Sie zu den Menschen gehören, die Ziele und Visionen haben, möchte ich Sie beglückwünschen, denn das ist keine Selbstverständlichkeit.

Gehören Sie zu den Menschen, die von einem Tag in den anderen leben, glücklich sind aus der Arbeit in den Feierabend zu gehen, scheinbar „alles" haben und doch nach dem Richtigen suchen? Dann könnte jetzt ein wichtiger Wendepunkt für Sie sein. Es geht jetzt darum Ihre Visionen die irgendwo in Ihnen schlummern zu entdecken und aus dem Kopf vor die Augen zu bringen, damit Sie das im Leben bekommen was Sie sich sichtbar und bewusst gemacht haben.

Das neugierige Entdecken der eigenen Visionen, die konkrete und verbindliche Zielsetzung, ist bei vielen von uns verloren gegangen. Was erstaunlich ist, denn erfolgreiche Menschen und Unternehmen haben genaue Visionen und Ziele, die sie schrittweise verwirklichen.

Zu träumen und sich große Ziele zu setzen, ist eine kreative Art, sich auszudrücken. Weil das Praktische und Rationale in unserer Gesellschaft so im Hauptfokus steht, wird Kreativität häufig als verzichtbarer „Luxus" abgestempelt. Doch genau diese spielerische Art, das Leben zu „planen" und Prioritäten zu setzen, die von der ureigenen Neugierde angetrieben werden, führt zur Erfüllung unserer Lebensträume.

You don't have to be great to get started, but you have to get started to be great" Les Brown

Übung
Was würden Sie tun, wenn Zeit und Geld keine Rolle spielen würden?

Schritt 1:

Versinken Sie mal in diese Frage und erlauben Sie sich zu träumen. Vielleicht beschäftigt Sie diese Frage mehrere Tage, bis Sie eine grobe Richtung erkennen können, in die Sie sich in Zukunft bewegen möchten. Lassen Sie alle Gedanken zu, egal ob es aus heutiger Sicht realistisch ist oder nicht?

Schritt 2:

Besorgen Sie sich alte Zeitungen, Zeitschriften und einen stabilen, weißen A3 Papierbogen. Immer noch in Gedanken bei der Frage was Sie tun würden wenn Zeit und Geld keine Rolle spielen, blättern Sie die Magazine durch und reißen Bilder, Wörter und Sprüche heraus, die Ihnen ins Auge springen. Ziel ist es in Gedanken im Status „träumen und visualisieren" zu bleiben.

Schritt 3:

Schieben Sie nun alle Bilder auf dem Papierbogen so lange herum, bis Sie das Gefühl haben, es hat „klick" gemacht und dieses große Bild ergibt für Sie das „Big Picture" Ihrer Träume und Visionen, die Sie für sich für die Zukunft haben.

Schritt 4:

Ihr Visionboard ist fertig. Hängen Sie es am besten an die Bürotür oder eine Wand (gerne auch bei Ihnen Zuhause) wo Sie das Bild mehrmals täglich sehen und daran erinnert werden, welche Wege Sie in Zukunft einschlagen möchten. Sie können auch das Bild abfotografieren und als Bildschirmschoner bzw. Hintergrundbild auf Ihrem Computer installieren, vor allem dann, wenn Ihr Schreibtisch direkt an der Wand steht und Sie bei jedem aufblicken vom Schreibtisch die weiße Wand vor der Nase haben.

Sollte Ihnen die Gestaltung eines Visionbaords nicht möglich sein, dann begeben Sie sich auf die Suche nach einem Bild, welches Ihre Ziele, gerne auch in abstrakter Form, darstellt. So wie es ein Geschäftsmann den ich beraten habe, getan hat.

Was hat ein Segelschiff mit Unternehmertun zu tun?

Nachdem dieses Prinzip eines der wichtigsten im Feng Shui ist, spreche ich es selbstverständlich im Rahmen von Feng Shui Beratungen an, wenn ich sehe, dass gerade die Geschäftsführung gar keinen bzw. keinen guten Ausblick hat. In diesem Fall beriet ich den Inhaber eines mittelständischen Unternehmens, der viel unterwegs war, wodurch sein Büro einer Abstellkammer glich. Die Tatsache, dass er viel auf Achse war, änderte nichts an der Wichtigkeit seines räumlichen Büros im Unternehmen. Nachdem es geordnet und strukturiert war, habe ich Ihm empfohlen bis zu unserem nächsten Termin ein Visionboard zu gestalten und es im Büro aufzuhängen.

Bei meinem nächsten Besuch entdeckte ich ein großes Bild mit einem Segelschiff an der Wand und der Herr strahlte mich erwartend an. Als ich mich etwas zurückhaltend verhielt sagte er mir: „Bestimmt fragen Sie mich, warum sollte dieses Bild die Visionstafel ersetzen? Nun, ich liebe es zu segeln, habe aber kaum Zeit dafür. Ich weiß, dass ich noch einiges im Unternehmen voranbringen muss, um mindestens den gleichen Umsatz zu erzielen und gleichzeitig mehr Zeit für meine Hobbys zu haben. Dann entdeckte ich das Bild und dachte: Wenn ich auf diesem Schiff sitze, mit einem Cognac in der einen Hand und der Zigarre in der anderen, dann weiß ich, dass ich meine Ziele und Träume verwirklicht habe."

Wie er mir das erzählte, strahlte er so viel Freude, Leidenschaft und Zuversicht aus, dass sich die Energie im Raum veränderte. Er hatte sich das Bild vor die Augen gesetzt, was er in Zukunft erleben und bekommen möchte. Aus Feng Shui Sicht war das Ziel erreicht!

Seien Sie kreativ und lassen Sie sich von Ihren Visionen und Zielen durch nichts abbringen.

Schützen Sie Ihren Rücken!

Wie bereits in den vorherigen Kapiteln erwähnt, ist ein geschützter Rücken die Voraussetzung für produktives und konzentriertes Arbeiten. Allerdings leitet sich dieses Prinzip nicht nur aus dem Feng Shui ab, sondern auch aus der menschlichen Psychologie. Wenn Sie die Bedürfnispyramide von Abraham Maslow kennen, dann wissen Sie, dass das Bedürfnis nach Sicherheit zu den grundlegenden Bedürfnissen zählt. Dazu gehört auch, dass die Menschen den Angriff von hinten am meisten fürchten, weil es ein Bereich ist, den wir nicht im Blickfeld haben. Ist der Schreibtisch so ausgerichtet, dass Sie den Raum und die Türen im Rücken haben, werden Sie kaum konzentriert arbeiten können. Vielmehr werden Sie unterschwellig ein unerklärliches Angstgefühl haben, welches Sie in der beruflichen Weiterentwicklung einschränken wird.

Doch, was können Sie dagegen zu tun? Die beste Lösung ist es den Sitzplatz so zu drehen, dass Sie zumindest die Türe im Blickfeld haben, damit es keine Überraschungen von hinten gibt und das Gefühl „Ich könnte beobachtet werden" verschwindet. Sollte es absolut keine Möglichkeit geben den Sitzplatz zu verändern setzen Sie die folgenden zwei Maßnahmen um:

- besorgen Sie sich einen kleinen Spiegel und stellen Sie ihn so auf, dass er Ihnen wie ein Rückspiegel dient. So gewinnen Sie mit einem Blick die Kontrolle über den Raum hinter Ihnen zurück.

- Sorgen Sie dafür, dass Sie einen Stuhl mit hoher Rückenlehne haben. Die Lehne sollte mindestens so groß sein, dass Sie auch Ihren Kopf bedeckt.

Im nächsten Abschnitt werde ich Ihnen mit Skizzen Beispiele für eine gute Möblierung in den Büroräumen aufzeigen.

Ihr Büro hat auch einen Rücken

In der bisherigen Betrachtung stand der Mensch im Mittelpunkt. Wo sitzen Sie? Was sehen Sie? Wie fühlen Sie sich? An dieser Stelle möchte ich noch einen wichtigen Punkt ansprechen, der ausschließlich zu den Räumen gehört. Es handelt sich um die sogenannte Rückendeckung der Büroräume. Im Feng Shui haben wir immer die Möglichkeit verschiedene Prinzipien in der Mikro- und der Makrobetrachtung anzuwenden. Im ersten Schritt wurde das Prinzip des geschützten Rückhalts auf Sie persönlich und Ihre Position im Raum angewandt, also in der Mikrobetrachtung. In der Makrobetrachtung kann dieses Prinzip auf das gesamte Büro angewendet werden. Hat nämlich das Büro einen schlechten Rückhalt, hat das Unternehmen weniger Unterstützung von den Mitarbeitern und Geschäftspartnern und kann schwierig den Wohlstand halten, weil das Qi zu schnell die Räume verlässt.

Den Rückhalt im Büro bildet die letzte Wand gegenüber der Eingangstüre, unabhängig davon ob es sich um ein Zimmer, ein Büro oder ein Bürogebäude handelt. Ist diese Wand komplett aus Glas, so kann viel mehr und viel schneller das Qi die Räume verlassen, als es hereinkommt. Im Geschäftsbereich, wie auch im privaten Leben bringt das Qi Vitalität, Gelegenheiten und steht für den Wohlstand, sprich unter anderem auch dem Geldfluss. Verlässt das Qi die Räume zu schnell, könnte es darauf hindeuten, dass Sie oder das Unternehmen den Wohlstand nicht halten können. Egal wie viel Geld hereinfließt, es fließt immer etwas mehr raus. Es ist wie ein Fass ohne Boden.

In den modernen Glasbauten gibt es kaum noch Wände. Sehr häufig komme ich in Büros, die komplett von Glas umgeben sind. Es ist unrealistisch und auch nicht Sinn der Sache eine „Wand" einzuziehen. Doch die Frage nach einer Lösung steht im Raum, denn neben einem ausgeglichenen Qi Fluss, einem guten Ausblick, ist ein stabiles Backing die dritte Voraussetzung für langfristigen und stabilen Erfolg im (Berufs-)Leben.

Als künstlicher Rückhalt können beispielsweise Schränke und Pflanzen dienen, die im mittleren Drittel des Büros aufgestellt werden können. Auf folgenden Abbildungen habe ich für Sie zwei verschiedene Situationen und die möglichen Abhilfemaßnahmen skizziert.

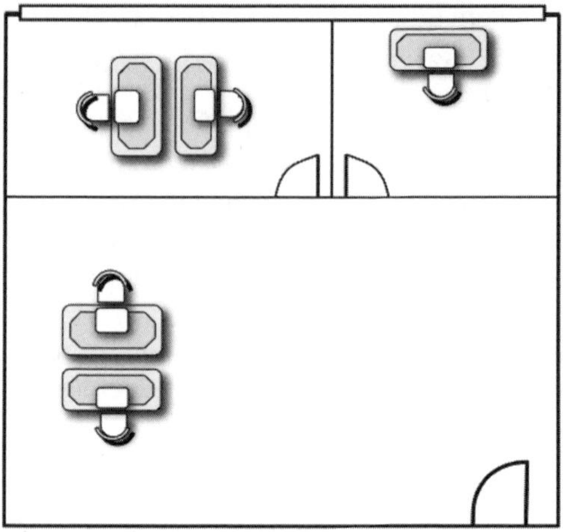

Abbildung 5: Ein Büro ohne Rückhalt

Im obigen Beispiel ist die Wand gegenüber dem Eingang in das Büro verglast. Hier lässt sich gut sehen, wie klein die Türe, durch die das Qi hereinkommt im Vergleich zur Glasfront ist.

Um den Rückhalt in diesem Fall zu stärken, gilt die Aufmerksamkeit dem mittleren Drittel der Wand, weil sich hier, analog zum menschlichen Körper die Wirbelsäule befindet. Es ist nicht Sinn der Sache, alle Fensterfronten in den Büros zu schließen, schließlich erfüllen sie den Zweck, Licht in den Raum lassen und Ihnen den Blick nach draußen zu ermöglichen. In Abbildung 6 ist skizziert, wie Pflanzen einen Rückhalt darstellen können.

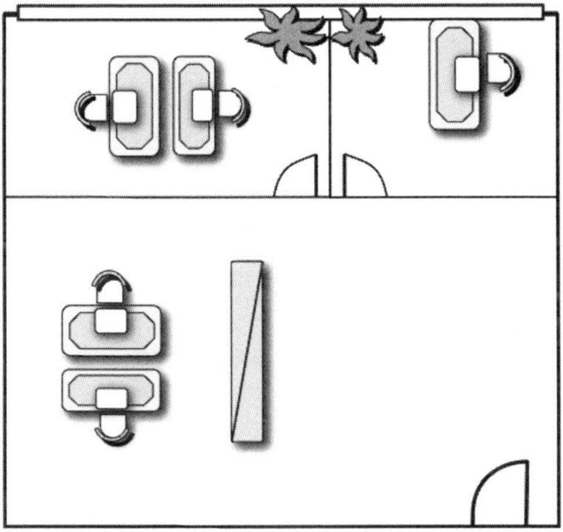

Abbildung 6: Büro mit Rückhalt durch Pflanzen gestaltet

Pflanzen werden im Feng Shui als kleine Bäume angesehen. Natürlich funktionieren für diese Maßnahme große, stabile Pflanzen, die mindestens 1m hoch sind. So einfach diese Maßnahme auch ist, ändert dies nichts an ihrer Effektivität. Das Feng Shui ist eine Lehre des Taoismus und als Grundlage für jede Maßnahme gilt: Mit dem geringsten Einsatz den höchstmöglichen Erfolg zu erzielen. Deshalb sind oftmals nur kleine Handgriffe notwendig, um eine grundlegende Veränderung herbeizuführen.

Die Abbildung Nr. 7 zeigt ein Einzelbüro, in dem weder das Büro noch die am Schreibtisch sitzende Peron einen Rückhalt haben. Vielmehr sitzt die Person im Qi-Durchfluss und wird geschwächt. Die Konsequenz: Sie fühlt sich nach der Arbeit erschöpft und müde.

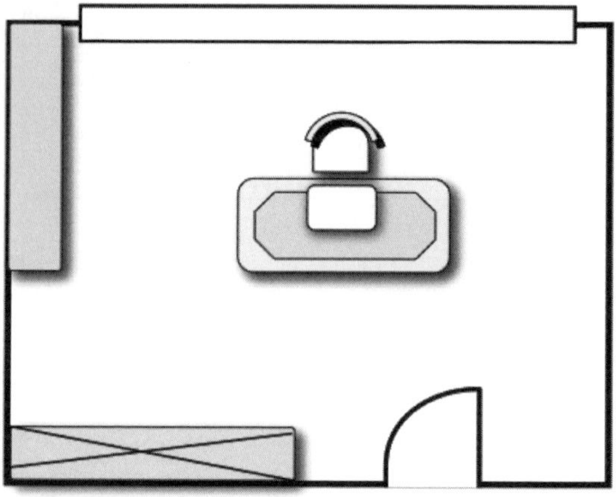

Abbildung 7: Weder Mensch noch der Raum heben einen Rückhalt

Beim Lösungsansatz gibt es zwei Möglichkeiten. Idealerweise, kann der Schreibtisch so gedreht werden, dass die Person die Wand im Rücken und die Türe im Blickfeld hat (s. Abb. 8), dann ist eine stabile Pflanze als „Wirbelsäule" des Büros ausreichend. Ist es allerdings nicht möglich den Schreibtisch zu drehen, dann muss auch für den Menschen ein Rückhalt gestaltet werden, da ansonsten seine Standfestigkeit im Beruf leicht ins Wanken kommen kann. Hier würde eine Kombination von Sideboard und Pflanzen in Frage kommen, wie in Abbildung 9 veranschaulicht.

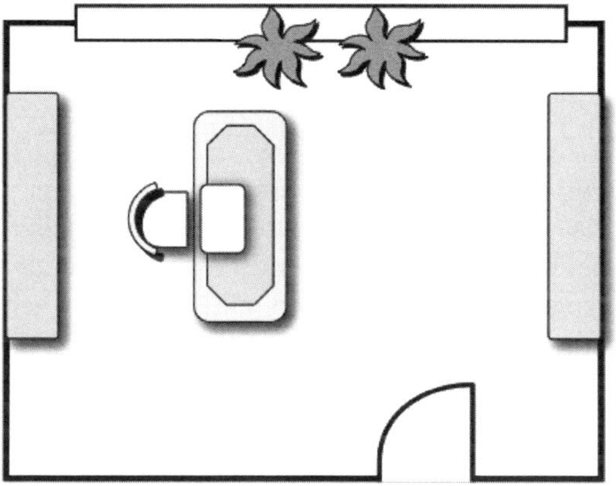

Abbildung 8: Kraftvolle Arbeitsplatz und Rückhalt für das Büro

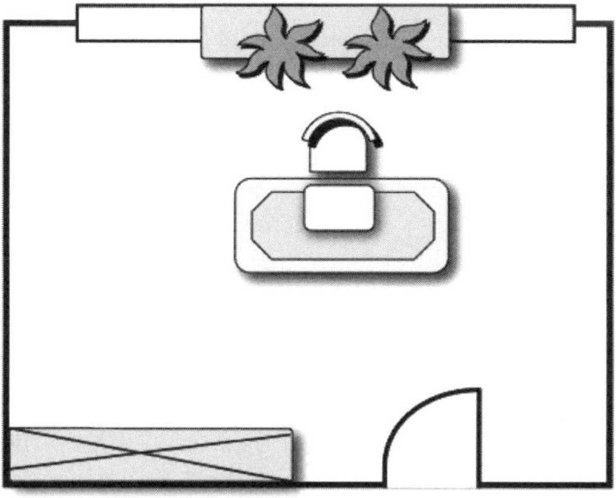

Abbildung 9: Rückhalt für Arbeitsplatz und Büro mit Unterstützung von Sideboard und Pflanzen

Nun sind Sie an der Reihe Ihre Räume aus einem neuen, wenn auch nicht unbekannten Winkel zu betrachten.

Auf den Punkt gebracht

Viele Feng Shui Empfehlungen sind überhaupt nicht exotisch oder gar komisch. Sie unterstützen uns dabei die Verbindung zu unserer Intuition und dem Bauchgefühl wieder zu erlangen, damit Sie räumliche Gegebenheiten, die Sie nicht dabei unterstützen, in Ihrer Kraft zu bleiben wieder fühlen. Erst dann sind Sie in der Lage die notwendigen Veränderungen zu veranlassen.

Die wichtigsten Prinzipien im Überblick

In diesem Kapitel habe ich Sie mit auf die Reise durch Ihre Räume genommen. Ihnen gezeigt welchen Nutzen Sie aus einem gleichmäßigen Qi Fluss ziehen können. Welche Perspektiven sich für Sie eröffnen, wenn Sie das „Brett vor dem Kopf" sprich die weiße Wand vor Ihren Augen geöffnet und den Rücken gestärkt haben.

Folgend für Sie eine Zusammenfassung, ein Ablaufplan für die Gestaltung Ihrer Arbeitsräume in denen Sie Ihre Träume verwirklichen können:

1. Schaffen Sie Ordnung durch Ausmisten. Ein aufgeräumtes Büro und ein aufgeräumter Schreibtisch lässt Sie morgens schneller, klarer und stressfreier ankommen, als wenn Sie schon beim Hereintreten in Ihr Büro von chaotischen Papierbergen begrüßt werden. Ihre Arbeitsumgebung

soll aufgeräumt, aber keineswegs steril sein und Sie zum Arbeiten einladen.

2. Gestalten Sie Ihr Büro schön und einladend. Das bedeutet nicht, dass Sie die gesamte Inneneinrichtung verändern und die Wände streichen müssen. Beginnen Sie mit einem kleinen Blumenstrauß, den Sie beispielsweise jeden Montag mitbringen.

   Selbstverständlich können Sie auch Bilder aufhängen, sofern das möglich ist. Vielleicht einen inspirierenden Bildschirmschoner installieren?

   Sorgen Sie für Ihre persönliche Inspiration, sei es durch einen kleinen Gegenstand oder eine Postkarte mit schönen Erinnerungen. Sie werden dafür sicherlich auch ein schönes Plätzchen finden.

   Wenn Sie den Raum betreten, sollten Sie sich willkommen fühlen und von Gegenständen umgeben sein, die Sie gerne um sich herum haben.

3. Wichtig ist es, den Schreibtisch so zu positionieren, dass Sie einerseits nicht mit dem Rücken zur Tür sitzen und andererseits keine Wand direkt vor der Nase haben! Ein ungünstig ausgerichteter Schreibtisch ist ein extremer Energie- und Aufmerksamkeitssauger. Da Sie nicht überblicken können, was hinter Ihnen passiert, können Sie nicht entspannen und sich zu 100 Prozent auf die Arbeit konzentrieren. Ein Teil Ihrer Aufmerksamkeit ist gebunden. Wenn möglich platzieren Sie den Schreibtisch so, dass Sie Fenster und Türe(n) im Blickwinkel haben. Falls das nicht geht, dann legen Sie Wert darauf, dass Sie die Tür sehen, gern auch seitlich. Sollten Sie ein Fenster direkt

im Rücken haben, stellen Sie eine Pflanze davor. Diese wird das Qi hinter Ihnen abfangen und zurück in den Raum leiten.

4. Sorgen Sie für gutes Licht! Die Beleuchtung im Büro sollte für Sie angenehm sein. Also nicht so hell, dass Sie sich wie auf einer Bühne fühlen, aber auch nicht zu dunkel, sodass Sie ermüden. Leuchtmittel mit Tageslichtspektrum könnten eine gute Alternative sein. Eine passende Beleuchtung erzeugt eine angenehme Atmosphäre und erhöht die Konzentration.

Nicht zu vergessen das Homeoffice

Das Internet ermöglicht es uns von überall zu arbeiten. Das kann ein Segen, aber genauso auch ein Fluch sein. Die ständige Erreichbarkeit kann durchaus an den Nerven zerren. Vor allem Selbständige entscheiden sich gerade in der Gründungsphase des Unternehmens erst einmal vom Homeoffice aus zu arbeiten, um die Kosten niedrig zu halten. Immer mehr Angestellte arbeiten auch von zuhause aus für ihr Unternehmen, oftmals um lange Anfahrtswege zu vermeiden. Eine Lösung die sicherlich für beide Parteien große Vorteile bringt.

Was mich jedoch immer wieder überrascht, ist die Fülle an Ideen für die Orte an denen das Homeoffice seinen Platz findet. Eine Ecke im Wohn- oder Schafzimmer ist üblich, aber Heimarbeitsplätze habe ich schon in Schränken, unter Treppen und in zusammenklappbaren Kommoden und in fensterlosen Kellerräumen entdeckt. Alles war dabei.

Bitte verstehen Sie mich nicht falsch, mir ist durchaus bewusst, dass nicht jeder den Luxus an Raum hat, um sich ein eigenes Büro einzurichten. Das braucht es auch nicht unbedingt.

Wie nutzen Sie das Homeoffice?

Lassen Sie uns erst herausfinden, wie Sie das Homeoffice nutzen. Was Sie dort machen und wie viel Zeit Sie dort verbringen. In Abhängigkeit davon, werden Sie entscheiden können wo es idealerweise platziert werden sollte. Es gibt verschiedene Möglichkeiten zu arbeiten. Ich habe folgend für Sie die 3 häufigsten zusammengefasst:

- *Recherchieren Sie im Internet, nutzen das Onlinebanking oder kommunizieren über den Computer? Sie nutzen den Platz hauptsächlich für private Zwecke? Dann handelt es sich nicht um einen klassischen Arbeitsplatz, weshalb der Computer gerne im Schrank verschwinden kann.*
- *Ihr Unternehmen bzw. Ihre Arbeit haben Sie so aufgebaut, dass alles in Ihren Laptop passt und Sie arbeiten einfach von dort aus, wo Sie Lust haben und gerade sind? Dann gehören Sie zu den Nomaden, die sich gerne von der Umgebung inspirieren lassen. Es besteht keine Notwendigkeit einen Arbeitsplatz zu gestalten, der dann häufiger leer steht, als von Ihnen besetzt ist und zur Ablagefläche mutiert. Diese Kategorie würde auch auf Sie zutreffen, wenn Sie angestellt sind und nur einige Tage im Monat für Ihr Unternehmen von zuhause aus arbeiten.*
- *Ich gehöre eindeutig zu den Nomaden. Mein Laptop immer im Gepäck, nutze ich die Zeit und die Inspiration an verschiedenen Orten zu sein und zu arbeiten. Allerdings habe ich auch ein Büro, das ich vor allem für meine Seminare, Kundentermine und die Ausarbeitung der Feng*

Shui Beratungen nutze. Es ist meine Basis, bedeutet aber noch lange nicht, dass ich dort jeden Tag verbringen muss.

- *Sie arbeiten Vollzeit von zuhause aus. Also verbringen Sie durchschnittlich 8 Stunden am Arbeitsplatz. In diesem Fall ist es sehr wichtig, dass Sie Ihr Tätigkeitsfeld so ausrichten, dass Sie bei der Arbeit unterstützt werden und sich nach einem langen Tag immer noch fit fühlen. Im bisherigen Buchverlauf habe ich Ihnen bereits viele Tipps gegeben, die genauso gut auf den Heimarbeitsplatz angewendet werden können. Im weiteren Verlauf dieses Kapitels finden Sie weitere, speziell auf das Homeoffice zugeschnittene Empfehlungen.*

Die wichtigsten Empfehlungen für das Homeoffice

Wenn Sie eine Pflanze kaufen, überlegen Sie bereits beim Kauf, an welcher Stelle es ihr am besten gehen würde. Sie braucht ausreichend Licht und es darf weder zu kalt noch zu warm sein. Am besten keine Zugluft und natürlich ist regelmäßiges Gießen wichtig.

Jetzt denken Sie einmal zurück, nach welchen Kriterien Sie vorgegangen sind, als Sie entschieden haben, an welcher Stelle das Homeoffice aufgebaut werden wird. Welche Priorität hatten Sie? Die häufigsten Antworten, die ich auf diese Frage von meinen Kunden bekommen habe waren:

- Ich habe geschaut wo noch Platz übrig ist.
- Ich wollte nicht, dass der Schreibtisch stört.
- Im Keller war noch ein Zimmer frei.

- Die Nische unter der Treppe hat sich super angeboten, dort kann ich den Arbeitsplatz einfach hinter den Türen verschwinden lassen.
- Im Grunde ist es egal wo der Arbeitsplatz steht, schließlich ist die Arbeit nicht mein Leben.

Ehrlich gesagt, entsetzt mich diese letzte Antwort am meisten. Die Arbeit sollte keinesfalls Ihr Leben sein, dennoch verbringen Sie sehr viel Zeit mit der Arbeit, was sie zu einem essentiellen Teil Ihres Lebens macht. Deshalb verdient dieser Lebensbereich auch viel Aufmerksamkeit. Die Gestaltung Ihres Arbeitsplatzes, unabhängig davon wo er sich befindet, wird nicht die Arbeit an sich verändern oder die Kunden, Kollegen oder den Chef netter machen, aber Sie werden neue Perspektiven bekommen und sich insgesamt kraftvoller fühlen. Allein dadurch werden Sie in die Lage versetzt, Veränderungen herbeizuführen, sofern Sie das möchten.

Nun aber zurück zur Liste, die ich übrigens beliebig weiterführen könnte. Alle Aussagen haben eins gemeinsam: Es sind platzsparende Lösungen bei denen nicht der Mensch und die Wertschätzung gegenüber dem Ort im Vordergrund stehen. Wie bereits erwähnt, können Sie auf diese Art und Weise vorgehen, wenn es sich um einen „Arbeitsplatz" handelt von dem aus Sie sich um Ihre privaten Angelegenheiten kümmern. Führen Sie Ihr Unternehmen von diesem Arbeitsplatz aus, so muss dem eine völlig andere Bedeutung zuteil werden. Es ist der Thorn, von welchem aus Sie Ihr Königreich führen. Behandeln Sie ihn auch so.

Kreativität bitte!

Vor allem dann, wenn der Raum für den Arbeitsplatz vorgegeben und eingeschränkt ist, ist Kreativität gefragt. Kommen dann noch die wichtigsten Feng Shui Aspekte hinzu, ist noch mehr Kreativität erforderlich. Meine Empfehlung: Denken Sie außerhalb der Box. Skizzieren Sie den Grundriss des Raumes auf und kopieren Sie ihn mindestens zehn Mal. Skizzieren Sie alle möglichen Möblierungsvarianten in die Grundrisse. Überlegen Sie auch, ob wirklich alle Möbel im dem Raum bleiben müssen. Wenn Sie beispielsweise den Arbeitsplatz im Wohnzimmer platzieren müssen wie wäre es, wenn Sie erst den Schreibtisch positionieren und dann für das Sofa & Co. einen geeigneten Platz suchen. Das wichtigste an dieser Vorgehensweise ist, dass Sie sich erlauben ganz anders an die Möblierung heranzugehen und auch verrückte Ideen ausprobieren. Bitte schränken Sie sich keinesfalls jetzt schon ein, indem Sie bereits in der Phase der Ideensammlung und des Ausprobierens denken: „Das geht doch eh nicht!". Das schöne an dieser Methode ist, dass Sie die Möbel nicht verschieben oder einkaufen müssen, sondern sich erst mal Zeit nehmen und mit Ideen spielen. Hat es auf dem Plan „klick" gemacht und Sie es kaum erwarten können, mit der Umgestaltung loszulegen, dann haben Sie Ihren idealen Arbeitsplatz erschaffen.

Wie ich Ihnen in der Einleitung geschrieben habe, hatte auch ich über viele Jahre ein Homeoffice. Die Möglichkeit von zuhause aus zu arbeiten, hat es mir gestattet meine immer größer werdende Familie und meinen Beruf zu vereinbaren, wofür ich heute sehr dankbar bin. Doch er war eine Herausforderung und in dieser Zeit hat sich mein Arbeitsplatz mehrfach verändert. Doch der größte Durchbruch gelang mir, als ich wieder einmal meinen Arbeitsbereich umgestalten wollte, wir aber in den Urlaub gefahren sind. Am Strand liegend habe ich den Raum in meinen Gedanken umgestaltet. Ich stellte mir verschiedene Varianten vor, bewegte die Möbel so lange bis es klick gemacht hat. Vielleicht stellt sich Ihnen die Frage, woher wissen Sie wann es „Klick" macht? Es gibt kein „aber" mehr und alle Bedenken sind weg. Dieses wohlwollende Gefühl von Entspannung und Vertrauen räumt alle Zweifel aus dem Weg. Sie wissen einfach: So passt es! Punkt! Das Zimmer war so lebendig vor meinem inneren Auge, dass ich nach der Rückkehr aus dem Urlaub über den Tisch gefallen bin, weil er mir im Weg stand. Schließlich hatte ich ihn bereits an eine andere Stelle positioniert.

Wie Sie sehen, braucht es nicht immer einen großen Plan, einen besonderen Ort oder einen Einrichtungsplaner. Was es braucht ist etwas Inspiration, Zeit und Kreativität. Natürlich braucht es auch Ihren Wunsch und Willen die gewünschten Veränderungen tatsächlich umzusetzen.

Zeit für einen neuen Arbeitsplatz

„Gibt es den „richtigen" Zeitpunkt um den Arbeitsplatz zu verändern? Eine Frage die mir sehr häufig gestellt wird, unabhängig davon ob es um Arbeits- oder Lebensräume geht. Dieser ersehnte „richtige" Zeitpunkt kommt dann, wenn Sie entscheiden dass er da ist. Nur Sie entscheiden wann der Zeitpunkt richtig ist, wo soll er denn sonst herkommen? Es kann auch offensichtliche Gründe geben, die nach einer Veränderung des Arbeitsplatzes verlangen.

- Sie können nicht lange konzentriert arbeiten, werden hibbelig und lassen sich schnell ablenken.
- Sie fühlen sich nach einem langen Arbeitstag müde und ohne Antrieb.
- Es fehlt Ihnen an Inspiration und Tatendrang.
- Sie haben keine Ziele bzw. Sie verlieren Ihre Ziele immer aus den Augen.

Was sagt Ihr Arbeitsplatz aus?

Insgesamt sollte Ihr Arbeitsbereich das wiederspiegeln, was Sie in die Welt bringen möchten. Mit welchem Produkt, welcher Dienstleistung und welchem Service möchten Sie andere Menschen unterstützen? Tut er das nicht, so wäre es an der Zeit genauer hinzuschauen, um festzustellen:

1. *Was strahlt Ihr Arbeitsbereich aus?*
2. *Welche Philosophie bzw. Überzeugung steht hinter Ihrer Tätigkeit?*
3. *Stimmt das mit Ihrer Unternehmens- bzw. Arbeitsphilosophie überein? Wenn nein, warum nicht?*

Seien Sie authentisch! Sind Sie beispielsweise Raumausstatter, dann sollten Ihre Räume so eingerichtet sein, dass Sie diese jederzeit Ihren Kunden als Showroom präsentieren könnten.

Bitte schreiben Sie die Antworten auf diese Fragen in Ihr Notizbuch, die Antworten geben Ihnen wichtige Anhaltspunkte die Sie einerseits für die Gestaltung nutzen können, aber Sie bekommen auch wichtige Informationen, die Ihnen bei der unternehmerischen Ausrichtung von großer Hilfe sind.

Geschäftliches und Privates trennen

In den gleichen Räumlichkeiten zu arbeiten und zu leben, ist eine wahre Herausforderung an Disziplin. Es beginnt gleich morgens mit der Wahl der Kleidung. Ziehen Sie sich für die Arbeit im Homeoffice genauso an, als wenn Sie das Haus verlassen würden? Eine Frage für die Frauen: Schminken Sie sich und richten die Haare? Wie oft unterbrechen Sie die Arbeit um schnell mal etwas im Haushalt zu erledigen? Das Mittagessen zu Ende kochen, die Spülmaschine ein- oder ausräumen... Diese Liste ließe sich endlos fortsetzen, vor allem auch deshalb, weil im Haushalt niemals alle Aufgaben erledigt sind.

Nachdem es räumlich kaum eine Trennung gibt, ist es umso wichtiger, dass Sie persönlich Grenzen setzen. Folgend meine Empfehlungen:

- Setzen Sie Ihre Arbeitszeiten fest.
- Währen der Arbeitszeit machen Sie NICHTS im Haushalt! Tun Sie so, als ob Sie in einem externen Büro sitzen – dort gehen Sie auch nicht schnell mal in den Keller um die Waschmaschine zu füllen.
- Streichen Sie lange private Gespräche und Verabredungen aus Ihrer Arbeitszeit.
- Wenn Sie das nächste Mal jemand anruft und fragt: „Bist du zuhause?" Antworten Sie: „Ich arbeite, wie kann ich dir weiterhelfen?„ Sollte es um eine private Angelegenheit gehen, machen Sie einen Telefontermin außerhalb Ihrer Arbeitszeit aus.

- Kleider machen Leute! Kleiden und stylen Sie sich für das Büro unabhängig davon, dass es sich „nur" in Ihrem Heim befindet. Nur weil Sie keiner sieht, bedeutet es noch lange nicht, dass Sie im Pyjama oder Jogginganzug vor dem Computer sitzen sollten! Stellen Sie sich vor, ein Kunde steht unvermittelt vor der Türe...

Zu Beginn meiner Selbständigkeit war es für meine Familie klar, wenn ich zuhause bin, stehe ich für alle möglichen Angelegenheiten zur Verfügung. Häufig standen unvermittelt Bekannte vor der Tür und meinten, sie waren in der Nähe und nachdem ich ja zuhause bin, wollten Sie auf einen Kaffee vorbeikommen, damit wir uns die Langeweile vertreiben. Allerdings fragte ich mich, wem hier langweilig war – mir mit Sicherheit nicht! So wurde ich immer wieder in meiner Arbeit unterbrochen und ich kam auch in eine andere Energie. Nach diesen Kaffeessessions war ich nie wirklich produktiv und fokussiert. So ging sehr viel Zeit verloren, die ich nicht für den Aufbau meines Unternehmens nutzen konnte. Hinzu kamen die Kommentare vom Umfeld: „Du hast es ja leicht, schließlich bist du den ganzen Tag zuhause, dann kannst Du den ganzen Haushalt schmeißen bis die Familie zuhause ist."

Irgendwann hatte ich die Nase voll. Ich definierte meine Arbeitszeiten, ging nicht mehr an das private Telefon und öffnete nicht mehr die Haustüre, wenn es klingelte – nicht einmal der Post. Wenn ich dann gefragt wurde wo ich denn war, antwortete ich: „In der Arbeit." Es dauerte nicht lange und die Ablenkungen während der Arbeitszeit hörten auf und meine Produktivität vervielfachte sich.

Auf den Punkt gebracht

Im Feng Shui sind alle Lebensbereiche miteinander verbunden. Sollten Sie das Gefühl haben, in Ihrer beruflichen Entwicklung nicht weiterzukommen, dann betrachten Sie Ihren Arbeitsplatz unter Feng Shui Aspekten. Lösen Sie sich von Ballast, stellen Sie Ihren Schreibtisch so auf, dass Sie Türen und Fenster im Blickfeld haben, sorgen Sie für einen guten Qi-Fluss und zu guter Letzt prüfen Sie Ihren Ausblick. Sowohl das, was Sie vor Augen haben und wirklich sehen, als auch Ihre Vision und Ihre Ziele. Bekommen Sie Klarheit darüber, was Sie erreichen möchten. Haben Sie bereits eine Idee? Dann ist es jetzt an der Zeit, diese in Ihrem Notizbuch festzuhalten.

Heimarbeitsplätze bieten uns unzählige Möglichkeiten flexibel zu arbeiten, fordern gleichzeitig viel Disziplin und bergen so einige Fallen bei der Einrichtung. Deshalb bringen Sie der Einrichtung und Gestaltung Ihres Arbeitsplatzes zuhause, die gleiche Wertschätzung entgegen, wie einer Zimmerpflanze die Sie hegen und pflegen, damit sie wächst und gedeiht. Sorgen Sie für eine gute Schreibtischausrichtung, gute Beleuchtung, Ordnung und Klarheit. Lassen Sie sich nicht vom Zuhause ablenken (ja, die Waschmaschine kann warten) und Sie werden einen Raum schaffen, in dem Ihre Arbeits(t)räume Wirklichkeit werden können.

Der letzte Schliff für Ihren Erfolg

Dieses Buch habe ich mit der Absicht geschrieben, Ihnen auf einfache Art und Weise zu zeigen, wie Sie die wichtigsten Feng Shui Prinzipien in Ihre Arbeitsräume implementieren können. Profitieren Sie von der noch unentdeckten Kraft, die Sie bisher nicht genutzt haben. In diesem letzten Kapitel möchte ich noch abschließend auf zwei Themenbereiche eingehen, die keine direkte Verbindung zum Feng Shui haben, jedoch Bedingung für den Erfolg sind.

- Kraft der Aktion und des Handelns
- Feiern Sie Ihre Erfolge - jeden Einzelnen

Handeln Sie!

„Ob Du denkst, du kannst es, oder du kannst es nicht: du wirst auf jeden Fall recht behalten."
Henry Ford

Ich liebe dieses Zitat von Henry Ford. Er hat in aller Kürze ausgedrückt, was Sie von Ihrem Erfolg fernhalten kann. Sie können dieses Buch durchlesen, die Übungen machen, Ihre Gedanken im Notizbuch festhalten, doch wenn Sie all das nicht spätestens jetzt in die Tat umsetzen, werden die gewünschten Veränderungen ausbleiben.

Das Handeln ist es, was Sie bis zur Ziellinie bringt und darüber trägt. Ideen, Visionen, Vorsätze und Wünsche bringen Ihnen rein gar nichts, wenn Sie diese nicht tatsächlich umsetzen. Eine Visionstafel zu gestalten, ist eine inspirierende Sache, weil dieses Bild dafür sorgt, dass Sie Ihre Ziele sehen und nicht aus den Augen verlieren. Doch handeln Sie nicht, kommen Sie diesen „aufgeklebten" Zielen nicht näher. Papier ist bekanntlich geduldig. Ihre verbildlichten Visionen sollen Sie nicht unter Druck setzen oder Sie frustrieren, sondern Sie ermutigen und daran erinnern warum Sie Tag für Tag aufstehen und arbeiten.

Sollten Sie bisher noch keine Impulse, die Sie durch dieses Buch erhalten haben umgesetzt haben, dann hören Sie bitte JETZT auf zu lesen. Legen Sie das Buch weg und setzten Sie mindestens eine Sache um. Entrümpeln Sie eine Schublade, Räumen Sie Ihren Arbeitsplatz auf, eliminieren Sie einen Energiesauger, der Sie schon seit langer Zeit ärgert. Egal für was Sie sich entscheiden – Hauptsache Sie handeln und sehen einen Vorher-Nachher Unterschied.

Es gibt viele Gründe die Sie davon abhalten können, in die Umsetzung zu gehen. An dieser Stelle möchte ich die drei wichtigsten nennen und Ihnen einen Weg zeigen, wie Sie das Hindernis umgehen können.

Hören Sie auf zu planen

Verzetteln Sie sich in Ihren Planungen kann es schnell passieren, dass Sie aus dem Akt des Planens nicht mehr herauskommen, falls Sie sich die Aufgabe gesetzt haben den perfekten Plan aufzustellen und dann auch noch auf den „richtigen Moment" warten, um mit der Umsetzung zu beginnen. Den größten Erfolg werden Sie haben, wenn Sie erst einmal einen kurzen und knackigen Plan erstellen und so bald wie möglich mit der den ersten Umsetzungsschritten loslegen. Mit jedem Schritt bewegen Sie sich auf dem Weg weiter und nach jedem Schritt werden Sie einen neuen

Blickwinkel haben. Entsprechend werden sich die Planungen verändern.

Handeln Sie trotz Angst!

Alles, was neu ist, ist unbekannt. Und es liegt in der Natur des Menschen, Unbekanntem zurückhaltend, mit Vorsicht und Skepsis gegenüberzustehen. Mit Ihrer Neugierde auf das Neue, auf das was sein könnte, können Sie die Angst besiegen. Während die angeborene Neugierde Sie antreibt, lähmt Angst und macht Sie handlungsunfähig. Sie hält uns in der Umgebung, die wir kennen. Doch das Neue was Sie sich ins (Berufs-)Leben wünschen, ist dort draußen. Dort, wo Sie vielleicht noch nie gewesen sind. Hinter der Wand aus Angst und Unsicherheit, geschieht die Magie des Lebens. Die Zufälle und Gelegenheiten die die Kraft haben, die Chancen Ihres Lebens zu werden, lauern dort draußen im Unbekannten. Diese Zone können Sie sich als Bereich vorstellen, der Sie wie ein Kreis umgibt. Während Sie sich im Kreis befinden, fühlen Sie sich sicher, sind aber womöglich auch unzufrieden, weil jeder Tag dem anderen gleicht.

Entscheiden Sie sich diesen Kreis, sprich die Komfortzone zu verlassen, kommt das Gefühl der Angst und die Frage: Was, wenn…???

Das nächste Mal, wenn Sie sich an der Schwelle zu diesem neuen, magischen Feld befinden, Ihre Gedanken verrückt spielen und Ihr Herz vor Aufregung bis zum Hals klopft, halten Sie kurz inne und stellen Sie sich die Frage:

„Was ist das Schlimmste was passieren kann?"

Solange Ihr Leben, oder das Leben von jemand anderem nicht in Gefahr ist, lautet die Antwort „Nichts". Mit Hilfe dieser Frage habe ich selbst in meinem Leben schon so oft die Angst hinter mir gelassen und Ziele verwirklicht von denen ich bis dahin nur geträumt habe. Nur Mut – es ist einfacher als Sie denken.

Wenn sich eine Tür schließt öffnet sich eine Neue

Das Leben hat seine Höhen und Tiefen. Indem Sie Ihre Türen dem Feng Shui öffnen, sorgen Sie dafür, dass die Tiefen nicht so tief sind und die Höhen so lange wie möglich andauern. Unerwartete Ereignisse werden Ihnen begegnen, sie gehören zum Leben dazu, allerdings steckt hinter jedem Ereignis unabhängig davon, ob Sie es als positiv oder negativ empfinden, eine Wachstumschance. Das ist leicht gesagt, gerade weil in diesen blöden Situationen die Welt alles andere als rosig aussieht. Verzweiflung, Unsicherheit und Angst machen sich breit. Nichts liegt ferner, als dann nach Chancen zu suchen. Bevor diese „Krisen" Ihr Leben bestimmen, folgen Sie dem 5-Schritte-System, welches dafür sorgen wird, dass Sie in der „Spur" bleiben. Es hat sich für mich persönlich, aber auch für viele meiner Kunden etabliert und ich möchte darauf in meiner Arbeit als Feng Shui Expertin keinesfalls mehr verzichten.

Das 5-Schritte-System, das Sie in der „Spur" hält

- *Denken Sie lösungsorientiert.*
  Verzichten Sie auf Feststellungen wie: „Was schaffe ich eh nicht?" sondern formulieren Sie eine Frage: „Was muss ich tun um es zu schaffen?"

- *Lernen Sie aus der Situation*
  Egal wie hektisch die Situation ist, nehmen Sie sich einen Moment der Ruhe und fragen Sie sich: „Was kann ich hieraus lernen?"
- *Werfen Sie einen Blick auf Ihre Visionstafel*
  Wenn in der Gegenwart raue Winde gehen, ist es gut einen Blick in die Zukunft zu werfen, damit Sie sich wieder im Klaren sind, warum Sie sich entschieden haben, diese Wege einzuschlagen.
- *Entscheiden Sie sich positiv zu denken*
  Das ist mit Sicherheit die Königsdisziplin, indem Sie diesen Schalter im Kopf umlegen und sich auf das Positive konzentrieren, nehmen positiven Ereignisse wieder zu.
- *Geben Sie NIEMALS auf!*

Im September 2013 schwamm Diana Nyad durch die Meerenge zwischen Kuba und Florida. Nach unzähligen Anläufen hatte sie es an diesem Tag geschafft. Auf die Frage welches Erfolgsgeheimnis hinter dem Erfolg stecke sagte sie:

1. Geben Sie niemals auf!
2. Sie sind nie zu alt um Ihre Träume zu verwirklichen.
3. Auch wenn das Schwimmen ein Einzelsport zu sein scheint, zählt das Team.

Seien Sie mutig und leben Sie Ihre Träume. Es lohnt sich!

Feiern Sie Ihren Erfolg

Lehnen Sie sich zurück! Treten Sie für einen Moment aus der Alltagsmühle heraus und blicken Sie auf Ihre Erfolge.

Das ist nämlich etwas, was in dem schnellen Tempo des Alltags eindeutig zu kurz kommt. Wann haben Sie sich zum letzten Mal die Zeit genommen, um sich auf die Schulter zu klopfen und sich für Ihre Erfolge anzuerkennen? Damit sollten Sie sofort beginnen. Einfach auch deshalb, weil es im Alltag meistens darum geht, schneller, höher und weiter zu kommen. Kaum ist eine Aufgabe erledigt, ein Ziel erreicht, schon geht es weiter. Die Zeit sich einen Augenblick zu nehmen, um sich anzuerkennen bleibt aus. Kein Wunder, dass der Stress schnell zum festen Bestandsteil des Alltags wird. Denken Sie an Eckhard Tolles Definition von Stress:

„Es ist das Gefühl wenn Sie an einem Ort sind, aber woanders sein möchten oder sollen."

Überlegen Sie mal, wie oft Sie sich in diesen Gemütszustand befinden?

Erkennen Sie sich an!

Wenn Sie damit beginnen, sich wertzuschätzen und Ihre Erfolge anzuerkennen, wird es Sie stark machen. Meistens erwarten wir einen positiven Input von außen, um uns, wertvoll, würdig oder gut zu fühlen; dabei kann dieses Gefühl nachhaltig nur von Ihnen selbst kommen. Sie werden sehen, wenn Sie sich selbst anerkennen, loben, wertschätzen und stolz auf Ihre Leistungen sind, werden Sie auch viel mehr Anerkennung von Ihrem Umfeld und von Ihren Mitmenschen bekommen. Das ist paradox, ohne Frage, aber es ist so.

Hinzu kommt auch die Tatsache, dass die Menschen dazu tendieren, den Fokus immer auf die Dinge zu legen, die nicht funktionieren, die nicht fertig geworden sind oder die nicht erfolgreich gewesen sind. Sie glauben mir nicht? Dann lassen Sie uns einen einfachen Test machen: Stellen Sie sich vor, Sie bekommen an einem Montagmorgen eine Liste mit 30 To do's auf den Schreibtisch gelegt, die Sie so schnell wie möglich, am besten noch am gleichen Tag abarbeiten sollen. Natürlich machen Sie sich direkt an die Arbeit. Neun Stunden später machen Sie Feierabend. Bevor Sie das Büro verlassen, werfen Sie noch einen Blick auf die Liste und stellen fest, dass Sie insgesamt 28 Punkte abgearbeitet haben. Welcher Gedanke geht Ihnen als erster durch den Kopf:

- Ach wie toll, ich habe 28 ToDo's erledigt. Sie machen einen Freudensprung und genießen Ihren Feierabend.
- Mist, ich habe nicht alles geschafft. Leider sind 2 To Do's übrig geblieben. Ich hätte mir noch mehr Mühe geben sollen.

Durch dieses einfache Beispiel werden Sie schnell feststellen, ob Ihr Fokus auf der Anerkennung liegt oder nicht. Wenn Ihnen der zweite Gedanke als Erstes in den Sinn gekommen ist, dann üben Sie Ihren Fokus bewusst auf all die wunderbaren Dinge zu lenken, die Sie geschafft und erschaffen haben. Auch hier gilt, Training ist alles. Bleiben Sie dran und Sie werden immer mehr Wunder entdecken die Ihr Leben erfüllen.

Feiern und genießen Sie!

„Um den Erfolg zu feiern, müssen Sie erst an Ihren Erfolg glauben"
Danijela Saponjic

Wie oft haben Sie Ihre Erfolge gefeiert? Ich meine hiermit nicht die ganz Großen die vielleicht nur einige Male im

Berufsleben auftreten, sondern auch die alltäglichen. Beispielsweise ein gelungenes Gespräch mit Ihrem Kunden, bei dem Sie wissen, ihn mit Ihrem Service oder Gespräch glücklich gemacht haben. Belohnen Sie sich, wenn Sie in stressigen Situationen einen kühlen Kopf bewahrt haben und so Projekte vom Untergang gerettet haben. Mit Belohnen meine ich keineswegs, dass Sie sich unbedingt etwas kaufen müssen. Genießen Sie Ihren Kaffee oder Tee in einer schönen, inspirierenden Umgebung, statt in der Kantine. Gönnen Sie sich eine kurze Massage oder träumen Sie eine Mittagspause lang vor dem Fenster, während Sie die Wolken am Himmel beobachten.

Genießen Sie Ihre Erfolge, unabhängig davon, wie groß oder klein sie auch sein mögen. Diese Momente der Besinnung auf Ihre Erfolge werden Ihnen viel Power, Zuversicht und Selbstbewusstsein geben. Das ständige hinter den Zielen herjagen bringt auf lange Sicht keine Genugtuung und die wenigen Urlaubswochen im Jahr reichen einfach nicht aus, um die Batterien wieder aufzuladen. Im Verlauf des Buches habe ich Sie immer wieder aufgefordert in Ihrem Notizbuch Ihre Gedanken und die Ergebnisse verschiedener Übungen festzuhalten. Ergänzen Sie ab heute Ihre Notizen mit Ihren Erfolgen, für die Sie sich anerkennen möchten. Schreiben Sie jeden Tag mindestens 5 Erfolge auf.

Diese Einträge werden Ihnen Klarheit, Kraft und Zuversicht schenken, wenn Sie mal einen Durchhänger haben und von Selbstzweifeln geplagt werden. Dann ist es an der Zeit, dass Sie es sich in einer ruhigen Ecke gemütlich machen und mit einer Tasse Tee oder Kaffee in der Hand Ihre Anerkennungen durchlesen. Lesen Sie sich vor, was Sie alles großartiges vollbracht haben. Das tolle an dieser Vorgehensweise ist, dass

Ihr Verstand nichts von all dem anzweifeln kann, denn all das haben SIE geschrieben und vollbracht. Nur Sie. Genießen Sie das und feiern Sie!

Eine alte Gesetzmäßigkeit des Feng Shui ist, dass die Energie dorthin fließt, worauf Sie Ihre Aufmerksamkeit lenken. Haben Sie also in Ihrem Büro ein Tätigkeitsfeld oder einen Raum, dem Sie weniger Aufmerksamkeit – egal aus welchem Grund – schenken, wird dort auch kaum Lebensenergie hinfließen. Diese Projekte werden sich nur langsam weiterentwickeln, vielleicht sogar ins Stocken geraten.

Dasselbe passiert auch mit dem Erfolg. Wenn Sie Ihrem Erfolg keine Aufmerksamkeit und Anerkennung schenken, wird er sich langsam aber sicher aus Ihrem Leben verabschieden. Das können Sie ganz einfach vermeiden, indem Sie JETZT mit dem ersten Schritt beginnen …

Feiern? Genießen? Ja gerne, aber wie?

Haben Sie schon mal geplant, wie Sie Ihre Erfolge genießen oder feiern könnten? Falls nicht, ist es jetzt höchste Zeit dafür. Machen Sie die folgende Übung jetzt, ansonsten verlaufen sich Ihre Ideen und Sie finden sich schneller als gewünscht im „alten" Alltagstrott, in dem ein Ziel das andere jagt und kaum Zeit für eine Atempause zulässt.

Wie feiern Sie Ihre Erfolge?

Nehmen Sie sich bitte Ihr Notizbuch zur Hand und öffnen Sie eine Doppelseite. Schließen Sie die Augen und versuchen Sie zu visualisieren, welche kleine Dinge im Leben Ihnen viel Energie geben, für die Sie aber kaum Zeit haben, weil Sie ständig beschäftigt sind. Schreiben Sie alles auf, was Ihnen einfällt. Hier gilt wieder die Regel: Es gibt kein Wenn und Aber. Was, wann und wie möglich ist, können Sie immer noch später entscheiden, jetzt geht es einfach mal um die Ideensammlung.

Im zweiten Schritt kategorisieren Sie Ihre Ideen nach Zeitaufwand. Beispielsweise 30 Minuten, 1 Stunde, ein halber Tag und ein ganzer Tag. In jeder Kategorie sollten mindestens 5 verschiedene Möglichkeiten stehen, wie Sie sich etwas Gutes tun können. Wie bereits erwähnt ist alles erlaubt. Von 30 Minuten träumend in den Himmel blicken bis hin zu einem Wellnesstag ohne Computer und Handy.

Diese Seiten sind für Sie die Sammlung an Ideen, damit Sie ab jetzt niemals einen Mangel an Möglichkeiten haben, wie Sie Ihre Erfolge gebührend feiern können!

Ihre Es-wurde-Wahr-Mappe

Eine weitere wunderbare Methode, die ich eher zufällig entwickelt habe, ist die „Es-wurde-Wahr-Mappe", die allerdings das existieren einer Visionstafel in irgendeiner Form, voraussetzt. Ihre Visionen verändern sich selbstverständlich konstant, so wird auch Ihre Visionstafel ein lebendiges Gebilde sein. Neue Ziele kommen dazu, manche fallen einfach weg und sehr viele werden verwirklicht, also kommen und gehen die Bilder auf Ihrer Visionstafel. Vor allem die Bilder der Visionen die Sie tatsächlich verwirklicht haben, sollten Sie nicht einfach wegschmeißen. Schließlich sind das „vorher" Bilder die eine unglaubliche Inspiration hatten, denn Sie haben diese abgebildeten Visionen tatsächlich verwirklicht. Natürlich stellte ich mir damals die Frage, wohin mit ihnen? Erst sammelte ich einfach die Bilder meiner Visionen in einem Ordner. Irgendwann begann ich damit, Bilder von den tatsächlichen Dingen oder Erlebnissen neben die Visionsbilder zu heften. Allein der Anblick dieser beiden Abbildungen trieb mir manchmal die Tränen in die Augen, weil ich es nicht fassen konnte, dass ich meine Visionen tatsächlich verwirklicht hatte. In diesen Momenten erinnerte ich mich auch klar an den Weg und an all die Dinge, die ich gemacht habe, die letztendlich zur Verwirklichung geführt haben. Und manchmal konnte ich es im Rückblick gar nicht glauben, wie viele Zufälle mir geholfen haben – beispielsweise am richtigen Ort zur richtigen Zeit zu sein, oder woher der Wille kam, am Ball zu bleiben, nicht aufzugeben, auch wenn es sehr kräftezehrend war und alle Zeichen auf Minus standen.

Die „Es-Wurde-Wahr-Mappe" ist ein kraftvolles Werkzeug, Ihnen zu zeigen, wozu Sie fähig sind, vor allem dann, wenn Sie einmal zweifeln. Probieren Sie es aus und haben Sie Spaß dabei.

Auf den Punkt gebracht

Egal für welche Methode des Feierns, Genießens und Anerkennens Sie sich entscheiden, alle funktionieren. Haben Sie eine andere Idee oder haben Sie bereits ein festes Ritual entwickelt, dann machen Sie weiter. Hören Sie nie damit auf Ihre Erfolge zu loben, egal was man Ihnen vielleicht erzählt hat, als Sie ein Kind waren.

Sie können den Erfolg auch als einen guten Freund sehen. Wenn Sie den guten Freund jedes mal ignorieren wenn er zu Ihnen kommt, dann wird er nicht mehr so häufig kommen und vielleicht ganz zuhause bleiben. Schließlich zeigen Sie kaum Freude, wenn er Sie besucht.

Machen Sie unbedingt auch diesen letzten Schritt. Hören Sie nicht auf, nachdem Sie Ihr Büro nach den Feng Shui Empfehlungen verändert haben und warten darauf, dass die großen Änderungen passieren. In die wahre Power des Feng Shui treten Sie erst dann wirklich ein, wenn Sie auch persönliche Veränderungen, egal wie klein sie auch sein mögen, in die Wege leiten und niemals aufhören zu wachsen.

Jetzt liegt es an Ihnen

Sie haben es geschafft! Durch das Lesen des Buches und der Umsetzung der Tipps sind Sie einen großen Schritt der Verwirklichung Ihrer Arbeits(t)räume näher gekommen. Verbinden Sie die Wirkungsweisen des Feng Shui mit Ihrer persönlichen Entfaltung, schalten Sie den Turbo auf dem Weg zur Verwirklichung Ihrer Ziele ein. Ich möchte Ihnen an dieser Stelle von Herzen danken, dass Sie dieses Buch zu Ihrem persönlichen Inspirationsbuch haben werden lassen, dass Sie mir vertraut haben und sich auf diesen Weg begeben haben.

Vielleicht haben Sie das Buch immer wieder zur Seite gelegt und die Übungen und Empfehlungen gleich umgesetzt, vielleicht haben Sie das Buch erst einmal durchgelesen, um im Anschluss mit der Umsetzung zu beginnen. Egal für welchen Weg Sie sich entschlossen haben, wichtig ist es, dass Sie in Aktion gehen. Immer wieder kommt es vor, dass mich Kunden aus meinen Feng Shui Beratungen oder auch Leser meiner Bücher anschreiben und sagen: „Also das Feng Shui hat bei mir nicht so funktioniert!" Auf diese Aussage stelle ich immer die Frage: „Erzählen Sie mir bitte, was Sie konkret aus den Impulsen umgesetzt haben?" Schweigen in der Leitung. „Denken ist nicht Handeln", auch „Lesen ist nicht handeln". Das Buch mit all den vielen Informationen, Übungen und Empfehlungen nur zu lesen und sich Notizen machen wird Sie nicht ans Ziel bringen. Deshalb meine Bitte an Sie: Setzen Sie jeden Tag mindestens eine kleine Änderung in Ihrem Arbeitsumfeld um.

Das (Arbeits-) Leben ist eine Reise, die nie endet. Das ist auch gut so. Die Natur hat ein einfaches Gesetz: Alles in der Natur wächst stetig und beständig. Was aufhört zu wachsen, geht ein. Der Mensch ist ein Teil der Natur und unterliegt dieser Gesetzmäßigkeit. Die stetige Weiterentwicklung ist uns mit der Geburt in die Wiege gelegt worden. Der Mensch ist das am meisten entwickelte Lebewesen auf dem Planeten und doch ist er der einzige, der sich freiwillig diesem natürlichen Wachstum wiedersetzt, oder kennen Sie einen Baum der in einem Jahr nur mit 50 % seiner Blätter blüht und die übrigen 50 % für das kommende Jahr spart, nur für den Fall, dass es ein schlechtes wird. Lassen Sie los und wachsen Sie!

Ihr Arbeitsplatz wächst mit!

Alles was Sie angepasst, verändert und neu gestaltet haben ist ein Status Quo, ein Abbild der Situation in der Sie derzeit leben und arbeiten, wer Sie sind und wie Sie sich fühlen.

Verändern Sie sich persönlich, so werden Sie sehr bald spüren, dass das Arbeitsumfeld einfach mitziehen muss, weil es nicht mehr zu Ihnen passt. Seien Sie nicht entsetzt und denken Sie bitte nicht, dass mit den Räumen etwas nicht stimmt, nur weil Sie sich vielleicht auf einmal unwohl fühlen. Diese Beobachtung ist ein Grund zu feiern! Alleine die Tatsache, dass Sie so aufmerksam und wach waren zu bemerken, dass die Energie im Büro nicht mehr zu Ihnen passt. Irgendwann kommt auch der Zeitpunkt, das wenn Sie aus Ihrem Büro herauswachsen und es Zeit für eine grundlegende räumliche Veränderung wird. Vielleicht verlassen Sie den sicheren Hafen Ihres Homeoffice oder die Büro WG und mieten Ihr erstes eigenes Büro. Nur weil Sie bereit sind, diese großen Schritte nach vorne zu machen, bedeutet das keinesfalls, dass an den bisherigen Räumen etwas falsch war. Sie waren großartig, denn sie haben Ihnen den Schutz und die Möglichkeiten gegeben zu wachsen – jetzt geht die Reise weiter.

Vielen Dank für Ihre Vertrauen!

Ihre

Danijela Saponjic

Glossar

Bagua

Das Bagua unterteilt den Grundriss der Wohnung oder des Hauses in neun gleiche Rechtecke, welche für die neun Lebensbereiche stehen. Jedem dieser Rechtecke ist ein Lebensbereich zugeordnet, der durch den Einsatz unterschiedlicher Hilfsmittel aktiviert und mit Energie versorgt werden kann. Mit dem Bagua ist es schnell und einfach möglich, zu sehen, wo welcher Lebensbereich in den eigenen vier Wänden liegt, um dann den Energiefluss aktiv anzukurbeln.

Ballast/Gerümpel

Das Wort „Ballast" beschreibt alles, was Sie belastet – was Ihnen „zu viel" ist. Grundsätzlich gilt es, bei diesem Begriff zu unterscheiden zwischen mentalem und physischem Ballast. Mentaler Ballast sind Gedanken oder auch Erinnerungen. Physischer Ballast sind Habseligkeiten (kein Müll), welche die Lebensräume so füllen, dass die Energie nicht frei fließen kann, weil sie immer wieder auf Hindernisse trifft und gestoppt oder umgeleitet wird. Ballast ist also blockierte Lebensenergie.

Qi/Chi

Der Begriff Qi wird mit Energie, Atem, Luft, Gas oder Dampf übersetzt. Er steht für Lebenskraft, göttliche Energie und den Weltgeist oder göttlichen Atem. Qi ist die Grundenergie, die alles miteinander verbindet – sowohl materielle, als auch geistige Bereiche.

Dao

Wörtlich aus dem Chinesischen übersetzt bedeutet das Wort: Weg, Pfad, Straße. Dao bezeichnet eine Methode, ein bestimmtes Prinzip, eine Art von transzendenter höchster Wirklichkeit und Wahrheit.

Energieräuber
Energieräuber sind Gegenstände, Situationen und Menschen, die uns umgeben und über die wir uns insgeheim immer ärgern – manchmal sogar über Jahre hinweg. Dennoch fehlen uns die Power, der Mut und der Wille, etwas dagegen zu unternehmen, obwohl wir wissen, dass sie uns keine Kraft geben, sondern vielmehr Energie rauben.

Feng Shui
Feng Shui ist eine daoistische Harmonielehre aus China, die eine Harmonisierung des Menschen mit seiner Umgebung zum Ziel hat – mithilfe einer besonderen Gestaltung der Wohn- und Arbeitsräume. Feng Shui bedeutet „Wind und Wasser" und basiert auf der Beobachtung der Natur und ihrer Gesetze.

Feng-Shui-Brunnen
Wasser ist eines der wichtigsten Elemente im Feng Shui, denn es sammelt die Lebensenergie Qi. Feng-Shui-Brunnen sammeln das Wasser, konzentrieren so die Lebensenergie an einem Platz und verteilen Sie von dort. Am häufigsten wird der Zimmerbrunnen in der Wohlstandsecke platziert. Er sollte nicht zu laut plätschern und das Wasser sollte langsam fließen sowie immer frisch sein, sonst kehrt sich der Effekt um und der Brunnen wirkt sich ungünstig auf die Lebensenergie aus.

Vampireffekt
Wenn die Energie der Räume unter dem persönlichen Energielevel liegt, versuchen wir unterbewusst die Raumenergie wieder ins Gleichgewicht zu bringen, indem wir persönlich

Energie an den Raum abgeben. Wiederholt sich dieser Vorgang über Monate und Jahre, so verlieren die Bewohner Energie und leiden zum Beispiel unter Müdigkeit und Konzentrationsproblemen. Diesen Vorgang bezeichnet die Feng-Shui-Lehre als „Vampireffekt".

Stichwortverzeichnis

Literaturverzeichnis

Allen, David, Getting things done. Penguin Group: New York, 2001

Baumeister, Roy F. & Tierney, John, Willpower. The Pinguin Press: New York, 2011

Chuen, Lam Kam, Das Feng Shui Handbuch. Joy Verlag: Sulzberg, 1995

Chuen, Lam Kam, Das persönliche Feng Shui. Joy Verlag: Sulzberg, 1998

Hill, Napoleon, Denke nach und werde reich. Ariston Verlag: Kreuzlingen/München, 1966

Jeffers, Susan, Feal the fear and do it anyway. Vermilion Publishing: London, 2007

Lim, Jes T. Y., Das Tao der neuen Zeit. Lotos Verlag: München 2010

Lim, Jes T. Y., Feng Shui für Büro und Business. Integral Verlag: München, 2005

Olson, Jeff, The slight edge. Greenleaf Book Group Press: Austin, 2013

Prignitz, Eva & Ruf, Petra, Das Feng Shui Lexikon. Südwest Verlag: München, 2005

Šaponjic, Danijela, Feng Shui im Büro. Verlag C. H. Beck: München, 2011

Šaponjic Danijela, Lebensträumen Raum geben. Integral Verlag: München 2015

Šaponjic Danijela, Glücklich durch Entrümpeln, Kartenset. Integral Verlag, München 2016

Sinek, Simon, Start with Why. Portfolio: USA, 2011

Singer, A. Michael, Die Seele will frei sein. Ullstein Taschenbuchverlag: München, 2016

Singer, A. Michael, Das Experiment Hingabe. Edition Spuren, Schweiz 2016

Trinkwalder, Sina, Wunder muss man selber machen. Droemer Verlag: München, 2013

Die Autorin

Danijela Saponjic ist Raum- und Lebensgestalterin. Nach dem Studium der Betriebswirtschaftslehre in München, wurde sie von der alten Lehre des Feng Shui magisch angezogen. Diese Leidenschaft machte sie im Jahr 2004 zu ihrem Beruf.

Die betriebswirtschaftliche Basis, kombiniert mit dem alten Wissen des Feng Shui, ermöglicht es ihr, neue Ansätze zu finden, wie Unternehmen und Privatpersonen erfolgreicher arbeiten und leben können.

Die Feng Shui und Tao Geomantie Meisterin bildet Feng Shui Berater aus und ist ihrer Leidenschaft Unternehmen und Privatpersonen zu beraten, Räume zu gestalten in denen Arbeits- und Lebensträumne Wirklichkeit werden treu geblieben.

Ihr Spezialgebiet ist es, Räume und Umgebungen zu schaffen, in denen die Menschen ihre Potenziale entfalten können, was zu mehr Lebensqualität, Vitalität und Erfolg führt.

Sie ist Mutter von vier Kindern und lebt mit Ihrer Familie in München.

www.danijela-saponjic.de

&

www.haus-des-fengshui.de

Impressum:
Verlag C. H. Beck im Internet: www.beck.de
ISBN: 978-3-406-71885-4

Wilhelmstraße 9, 80801 München
Satz: Fotoscatz Buck, 84036 Kumhausen
Druck und Bindung: Beltz Bad Langensalza GmbH
Am Fliegerhorst 8, 99947 Bad Langensalza
Umschlaggestaltung: Ralph Zimmermann – Bureau Parapluie
Umschlagbild: © catalinr – istockphoto.com
Gedruckt auf säurefreiem, alterungsbeständigem Papier
(hergestellt aus chlorfrei gebleichtem Zellstoff)